Norbert Griebl

Orchideenwanderungen in Österreich

Stocker

Norbert Griebl

Orchideen-wanderungen

in Österreich

Leopold Stocker Verlag
Graz – Stuttgart

Umschlaggestaltung: DSR Werbeagentur Rypka GmbH, 8143 Dobl/Graz, www.rypka.at

Umschlagbilder:
Gertrud Tritthart (großes Bild und Seite 8), Norbert Griebl (kleine Bilder)
Karten: Bundesamt für Eich- und Vermessungswesen, Wien
Bildnachweis: Siehe Seite 7

Bibliografische Information Der Deutschen Bibliothek
Die Deutsche Bibliothek verzeichnet diese Publikation in der Deutschen Nationalbibliografie; detaillierte bibliografische Daten sind im Internet unter http://dnb.ddb.de abrufbar.

Hinweis: Dieses Buch wurde auf chlorfrei gebleichtem Papier gedruckt. Die zum Schutz vor Verschmutzung verwendete Einschweißfolie ist aus Polyethylen chlor- und schwefelfrei hergestellt. Diese umweltfreundliche Folie verhält sich grundwasserneutral, ist voll recyclingfähig und verbrennt in Müllverbrennungsanlagen völlig ungiftig.

Auf Wunsch senden wir Ihnen gerne kostenlos unser Verlagsverzeichnis zu:
Leopold Stocker Verlag GmbH
Hofgasse 5/Postfach 438
A-8011 Graz
Tel.: +43 (0)316/82 16 36
Fax: +43 (0)316/83 56 12
E-Mail: stocker-verlag@stocker-verlag.com
www.stocker-verlag.com

ISBN 978-3-7020-1533-6

Layout und Repro: DSR Werbeagentur Rypka GmbH, 8143 Dobl/Graz
Druck: Druckerei Theiss GmbH, 9431 St. Stefan

Inhalt

Einleitung 9

Wanderung 1: Vorarlberg – Lechquellengebirge
Das Purpur-Waldvöglein im Gadental 13

Wanderung 2: Nordtirol – Karwendel
Die Fliegen-Ragwurz auf dem Pleisen 21

Wanderung 3: Südtirol – Zillertaler Alpen
Das Weißzüngel am Hühnerspiel 29

Wanderung 4: Salzburg – Pinzgau
Die Fleisch-Fingerwurz in Hollersbach 35

Wanderung 5: Kärnten – Nockberge
Die Duft-Händelwurz der Heiligenbachalm 41

Wanderung 6: Kärnten – Sattnitzzug
Schmalblatt-Waldvöglein am Kathreinkogel 47

Überblick über heimische Enziane 51

Wanderung 7: Kärnten – Karawanken
×Turnowsky-Händelröschen am Hochobir 53

Wanderung 8: Kärnten – Steiner Alpen
Die Rot-Ständelwurz der Vellacher Kotschna 61

Wanderung 9: Oberösterreich – Totes Gebirge
Die Mücken-Händelwurz in den Urwäldern des Brunnentals 69

Wanderung 10: Steiermark – Schladminger Tauern
Breitblatt-Fingerwurz auf der Ursprungalm 75

Wanderung 11: **Steiermark – Totes Gebirge**
Erzherzog-Johann-Kohlröschen am Traweng 81

Wanderung 12: **Steiermark – Nördliche Kalkalpen**
Das Herz-Zweiblatt am Grimming 87

Wanderung 13: **Steiermark – Ennstal**
Die Sumpf-Ständelwurz im Wörschacher Moor 95

Wanderung 14: **Steiermark – Göstlinger Alpen**
Das Netzblatt im Holzäpfeltal 103

Wanderung 15: **Steiermark – Hochschwab**
Das Zwerg-Kohlröschen am Weg zum Hochturm............. 109

Wanderung 16: **Steiermark – Hochschwab**
Der Widerbart am Weg zur Sonnschienalm 117

Wanderung 17: **Steiermark – Hochschwab**
Der Frauenschuh in der Karlschütt 123

Wanderung 18: **Steiermark – Koralpe**
Das Steineralpen-Kohlröschen im Seekar 129

Wanderung 19: **Steiermark – Grazer Bergland**
Die Korallenwurz am Hochlantsch 137

Wanderung 20: **Steiermark – Grazer Bergland**
Die Prächtigen Manns-Knabenkräuter der Ochsenhalt ... 145

Wanderung 21: **Niederösterreich – Mürzsteger Alpen**
Die Kamm-Hundswurz am Gippel 151

Überblick über heimische Primeln 157

Wanderung 22: **Niederösterreich – Gutensteiner Alpen**
Die Holunder-Fingerwurz auf der Reisalpe 159

Wanderung 23: **Niederösterreich – Gutensteiner Alpen**
Das Bleich-Knabenkraut am Unterberg 167

Wanderung 24: **Niederösterreich – Thermenlinie**
Das Helm-Knabenkraut der Hohen Wand 175

Wanderung 25: **Niederösterreich – Steinfeld**
Die Müller-Ständelwurz bei St. Egyden im Steinfeld 183

Überblick über heimische Läusekräuter 189

Wanderung 26: **Niederösterreich – Wienerwald**
Die Klein-Hundswurz im Naturpark Sparbach 191

Überblick über heimischen Steinbreche 197

Wanderung 27: **Niederösterreich/Wien – Bisamberg**
Die Adria-Riemenzunge am Bisamberg 199

Wanderung 28: **Wien – Lobau**
Der Brand-Keuschständel am Fuchshäufel 207

Wanderung 29: **Burgenland – Seewinkel**
Die Wanzen-Hundswurz bei Illmitz 217

Meinen herzlichen Dank den Bildautoren für die großzügige Überlassung ihrer Bilder:

Dietrich Bergfeld, D-Karlsruhe: Seite 43/II
Wolfram Foelsche, St-Graz: Seite 42/III
Franz Fohringer, NÖ-Oberndorf: Seite 56/III, 84/VIII, 97/V, 148/V, 184/III, 185/III,
Olivier Gerbaud, F-Allevard Les Bains: Seite 31/V, 84/XII
Peter Frühwirth, Wien: Seite 91/V, 160/III
Peter Funke, D-Berlin: Seite 106/I
Günter Gerloff, D: Seite 72/III
Markus Grabler, St-Edelstauden: Seite 140/I
Werner Hahn, D-Koblenz: Seite 163
Ulrich Heidtke, D-Bad Dürkheim: Seite 16/VI, 72/V, 77/I, 175, 203/VI
Stefan Hertel, D-Haag: Seite 97/I, 141/VI
Peter Hubert, Wien: Seite 15/II, 32/VIII, 37/III, 41, 51/XX, 77/II, 97/IV, 106/V, 117, 124/II, 138/IV, 157/IX, 164/IX, 170, 174, 180/IV, 189/I,X, 200/I, 203/IX, 204/IV/V/VI
Dietmar Jakely, St-Graz: Seite 62/IV, 100, 157/VI, 172/IV, 209/II
Walter Kussegg, St-Trofaiach: Seite 16/II, 37/II, 60, 78/I, 89/II, 90, 94, 98/II, 105 I,II,IV, 112/IV, 113/II,IV, 118/II,III,IV, 125/V, 126/V, 139/III, 140/II, 141/VII, 154/IV, 157/X, 160/V, 164/III, 171/VIII, 189/XVII, 193/II, 208/I, 209/III, 219/IV, 221/VIII
Gerhard Loidolt, Wien: Seite 152/V
Michael Merten, D-Velbert: Seite 31/I
Michael Perko, K-Klagenfurt: Seite 42/I, 72/VIII
Armin Pleschberger, K-Klagenfurt: 51/XVII
Helmut Presser, D-Eichstätt: Seite 53, 62, 96/II,III,VI, 97/VI, 183, 185/V, 187/V,VII
Herbert Raffalt, St-Haus im Ennstal: Seite 88
Hans Reinhard †, CH: Seite 72/IV
Karl Schebesta, Wien: Seite 16/IX, 18/II, 21, 23/III, 35/II, 51/XIII, 61, 62/II, 75, 76, 92/II,IV, 95, 97/VII,VIII,IX, 112/I,III, 113/III, 142/VII, 146/V, 162/IV, 164/IV,V, 171/IV, 172/I, 176/II,IV, 184/IV, 185/I, 187/III,IX, 193/V, 194/V, 195/VII, 200/III, 201/II, 202/III, 203/VII, 204/IX, 208/II, 210/I, 211/II,IV,IX, 212/I,III,VII, 213/II,III, 215, 218/IV, 221/I,IX
Walter Schmid, CH-Uster: Seite 31/II,IV, 56/V, 72/I,IX, 91/VI, 160/II
Johann Schön, NÖ-Ollersbach: Seite 106/6, 154/VIII, 169/VI, 212/VIII, 219/I,III
Bernhard Schubert, NÖ-Karlstetten: Titelseite/II, Seite 13, 14/III, 16/VII, 18/I, 18/IV, 20, 47, 48/I, 56/I,IV, 72/II, 92/III, 125/II,IV, 137, 145, 150, 151, 152/II,III,IV, 154/I, 159, 160/VI, 161/I,II, 168/I,IV, 179, 184/V, 187/VIII, 190, 191, 192/I,II,V,VI, 194/II,VI,VIII, 195/I, 198, 200/II,IV, 201/1,III, 202/II, 203/I,IV, 204/III, 207, 211/III, 218/II
Werner Seiche, D-Eurasburg: Seite 17/VI, 99
Edith Stankic, Wien: Seite 171/III
Josef Stoppert†, St-Eibiswald: Seite 55/I
Gertrud Tritthart, St-Graz: Titelseite, gr. Foto, Seite 31/IX, 44/VIII, 51/XIV, 54/I, 98/IV, 148/IV, 157/XI, 169/II, 197
Franz Weberndorfer†, T-Rum: Seite 137
Franz Weingartner, NÖ-Euratsfeld: Seite 71/IV, 147
Josef Weinzettl, Bgld-Willersdorf: Seite 96/IV, 172/V, 204/II
Herbert Weyland, S-Salzburg: Seite 51/XIX
Christian Wolf, D-Neumarkt: Seite 122, 124/I,III, 125/III, 208/V,VI
Wolfgang Wucherpfennig, D-Eching: Seite 42/II,
Kurt Zernig, St-Graz: Seite 186/VI
Fotolia: Seite 25

Einleitung

„Es ist nicht leicht, die Sprache, die die Pflanzen sprechen zu erlernen und zu verstehen. In der Studierstube bringt man es bestenfalls zum Buchstabieren. Zum Lesen und zum Verstehen kommt man nur in der freien Natur" wusste schon der große Botaniker Anton von Kerner. Friedrich Freiherr von Humboldt drückte es etwas anders aus: „Die Natur muss gefühlt werden, wer sie nur sieht, kann Pflanzen und Tiere einteilen, er wird die Natur zu beschreiben wissen, ihr aber selbst ewig fremd bleiben." Und es war wohl genau dieses Gefühl, dass uns schon seit Kindesbeinen an bewog, die heimatliche Natur zu erkunden. Anfänglich mit dem Fahrrad, dann mit dem Mofa, dem Motorrad und jetzt, schon etwas bequemer geworden, mit dem Auto. Fast jedes Wochenende unternahmen unsere Eltern eine Wanderung und wir vier Kinder waren natürlich immer vorne dabei. Sie zeigten uns die herrlichsten Gegenden der niederösterreichischen Heimat mit ihren Blumen, Tieren und Steinen, wenngleich der richtige Name dazu meistens fehlte.

Und so haben wir im Laufe der letzten 35 Jahre Hunderte Berge und Gebiete durchwandert, um die Schätze und Kleinodien der Heimat vor das Auge zu bekommen. Manche Gebiete haben sich dabei als wahre Fundgruben für Orchideen und andere Blumen herausgestellt, bei anderen wieder blieb das Diktiergerät und der Fotoapparat meist in der Tasche. Und nachdem nicht jeder die Zeit und die Lust hat, alle möglichen Berge abzusuchen, um irgendwann auf prächtige Orchideen zu stoßen, will ich die ergiebigsten 30 Wanderungen in diesem Buch vorstellen.

Die Natur verzaubert alle weltoffenen Menschen und es ist beinahe Meditation, die Orchideen kniend, auf den Augenblick der Windstille und des Sonnenstrahls wartend, abzulichten. Das unwillkürliche Verweilen und Staunen, der süße Duft der Orchideen, das Farbenspiel von Blumen, Tieren und Steinen mit dunklem Wald oder blauem Himmel als Hintergrund entführt in eine Welt voller Poesie. Die Sorgen verschwinden, die Wunder der Natur umhüllen uns sanft und die Seele lacht innerlich in der Freude, all diese Wunder schauen zu dürfen.

Es ist natürlich auch ein bisschen Glück dabei, in einem so schönen Land wie Österreich leben zu dürfen. Dieses Glück bedeutet aber auch die Pflicht, sich für den Erhalt und Schutz dieser Naturschätze einzusetzen.

NATURSCHUTZ

Bei fast allen in diesem Buch vorgestellten Pflanzen handelt es sich um seltene Arten, die als gefährdet eingestuft sind und die unseres Schutzes bedürfen. 1,2 % der ehemals heimischen Farn- und Blütenpflanzen sind in Österreich bereits ausgestorben, 33,4 % sind im gesamtösterreichischen Maßstab aktuell gefährdet, weitere 26,3 % sind regional oder potenziell gefährdet. Greift man nun aus diesen statistischen Zahlen die Orchideen heraus, sieht es noch dramatischer aus.

Geschützt wird aber nur, was man kennt, und so ist es wichtig, dass so viele Menschen wie möglich davon wissen. Niemand wird dagegen aufstehen, wenn eine Orchideensumpfwiese zum Zwecke einer Hybridpappel-Aufforstung umgepflügt werden soll, wenn keiner weiß, dass in dieser Wiese so viele Kostbarkeiten ein Zuhause haben. Völlig antiquiert ist die Einstellung, Naturschutz durch Geheimhaltung zu betreiben. Eine Düngung der Magerwiese aus Unwissenheit, eine Umwandlung des Buchen-Mischwaldes in einen Fichtenforst, die Nutzungsaufgabe einer Weide und alle Pracht gehört der Vergangenheit an. Je mehr Menschen um diese Schätze wissen, desto mehr werden sich dafür einsetzen.

Wer eine Sumpf-Ständelwurz, einen Augentrost oder eine Korallenwurz aus der Nähe betrachtet, sieht die Würde dieser Pflanzen in angebrachter Demut. Der Respekt vor der Natur gräbt sich so tief ein, dass man noch viel umsichtiger durch Wiesen und Wälder streift und dass die Notwendigkeit des Umweltschutzes noch augenscheinlicher wird. Oder anders ausgedrückt: Je größer ein Mensch ist, desto mehr neigt er dazu, sich vor einer Blume niederzuknien.

Heute gehen viele Menschen mit uns, wenn wir zu Kräuterwanderungen, Alpenblumenwanderungen oder Orchideenwanderungen rufen, und es ist schön zu sehen, wie viele naturbegeisterte Menschen es gibt.

In diesem Sinne wünsche ich Ihnen, liebe Orchideenfreunde, viel Freude beim Entdecken der botanischen Kostbarkeiten!

Norbert Griebl

PFLANZENBESONDERHEITEN und BLUMENPRACHT

Orchideen und andere besondere Pflanzen werden unter diesen Punkten vorgestellt, auf die bei der jeweiligen Wanderung verstärkt geachtet werden sollte. Dabei ist die Auflistung naturgegeben subjektiv, denn gehört nun der Karawanken-Enzian zu den Besonderheiten oder zur Blumenpracht?

Unter den Pflanzenbesonderheiten sind vorrangig seltene, für das Gebiet spezifische Pflanzen angegeben, unter Blumenpracht eher häufigere Pflanzen, die aber durch ihre Schönheit auffallen.

Der Block soll dem Leser in Kurzform zeigen, was alles im jeweiligen Gebiet gefunden werden kann bzw. auf was man bei der Wanderung geschärft achten sollte.

BESTE ORCHIDEENZEIT

Beschreibt, wann im Gebiet die meisten Orchideen und Blumen insgesamt blühen und wann dort die beschriebene Art blüht, abhängig allerdings vom jeweiligen Witterungsverlauf.

Alle für das jeweilige Gebiet vorgestellten Arten wird man bei einem Besuch nicht finden können, zu unterschiedlich sind die Blütezeiten, zu selten oft die einzelnen Arten. Man sollte nach Möglichkeit mit möglichst geringen Erwartungen an den Ausflug herangehen, um dann vielleicht positiv überrascht zu sein, wie viele Arten man dann doch gefunden hat.

ANSPRUCH

Hier wird unterschieden unter gering, mittel und hoch. Geringer Anspruch kommt eher einem Spaziergang gleich mit wenig Steigung. Hoher Anspruch ist durchwegs im alpinen Gelände gegeben und erfordert die Mitnahme der in den Bergen üblichen Ausrüstungsgegenstände wie gutes Schuhwerk, Regenschutz, warme Kleidung, reichlich Getränke usw. Hoher Anspruch erfordert eine gewisse Kondition und Trittsicherheit. Allerdings kann bei diesen Touren auch jederzeit umgekehrt werden.

BERGAUF

Hier wurde der Höhenunterschied zwischen dem Ausgangspunkt und dem Zielpunkt gemessen und Zwischensteigungen miteinberechnet. Sollte der Startpunkt also bei 1.500 m Seehöhe liegen, der Zielpunkt bei 2.000 m, so kann bei „Bergauf" durchaus die Höhenangabe 700 Meter stehen.

GEHZEIT

Hier wurde die reine Gehzeit ohne Pausen bei einer durchschnittlichen, eher gemütlichen Wandergeschwindigkeit angegeben. Berechnet man nun in diese Zeit die „Blumenpausen" fürs Fotografieren und Blumenbewundern und die Jausen- und Lufthohlpausen, muss man fast die doppelte Zeit für die jeweilige Tour einrechnen.

ANREISE und ÖFFENTLICHE VERKEHRSANBINDUNG

Geläufige Anreiserouten mit dem Privatfahrzeug und den öffentlichen Verkehrsmitteln werden kurz vorgestellt, wobei immer mit einer Änderung bei den öffentlichen Verkehrsmitteln zu rechnen ist. Bahnlinien werden eingestellt, Busverbindungen kommen dazu oder umgekehrt. Bei der Anreise sollte vorher immer der aktuelle Stand erkundet werden.

BARRIEREFREIHEIT

Unter diesem Punkt wurde versucht, auch für bewegungseingeschränkte Personen eine Möglichkeit zu finden, die Pracht der Alpenblumen genießen zu können. Etliche Wanderungen sind auch mit Rollstühlen und Kinderwägen passierbar. Manche der als barrierefrei eingestuften Touren erfordern allerdings eine gute Ausdauer der schiebenden Person und/oder einen geländegängigen Rollstuhl bzw. Kinderwagen.

Weitere FREIZEITANGEBOTE und BOTANISCHE ZIELE im Gebiet

Für kurze Touren zahlt sich eine weite Anreise oft nicht aus. Wenn diese dann mit anderen Zielen, sei es botanischer, landschaftlicher, kultureller, sportlicher oder anderer Natur, verbunden werden kann, ergibt es wieder ein anderes Bild. Die Angaben können vor allem auch für Urlauber hilfreich sein. Oftmals ergibt sich auch die Lösung, dass ein Teil der Gruppe die Wanderung, ein anderer Teil beispielsweise ein kulturelles Ziel wahrnimmt und abends trifft man sich dann wieder.

Das Purpur-Waldvöglein im Gadental

Purpur-Waldvöglein

Cephalanthera rubra

Von Südskandinavien und Nordafrika bis zum Ural und in den Iran reicht die Verbreitung des entzückenden Purpur-Waldvögleins. Vom Tiefland bis ins Gebirge fühlt es sich wohl, vorausgesetzt der Boden ist kalkreich. Und dass die Orchidee so oft in der Gemeinschaft von Glockenblumen wächst, ist kein Zufall, denn das Waldvöglein ist eine Pollentäuschblume. Für uns Menschen ist zwar weder in der Blütenform noch in der Farbe eine Ähnlichkeit zu erkennen, für die Bestäuber aus den Gattungen der Scheren- und Glanzbienen allerdings schon. Untersuchungen zeigten, dass Befruchtungsquoten an Standorten mit Glockenblumen bei 11–35 % lagen, ohne Glockenblumen nur bei 0–5 %.

Purpur-Waldvöglein

Wandervorschlag

Im Juni, wenn der Frauenschuh blüht, sind viele Naturbegeisterte im Gadental unterwegs und das ist tatsächlich ein Erlebnis hier im zweitgrößten Urwald Österreichs, im größten Naturschutzgebiet Vorarlbergs. Wir sehen hier geführte Orchideenwandergruppen genauso wie blumenliebende Individualisten und fühlen uns in dieser Gesellschaft so richtig wohl – alles blumenliebende Menschen, die sich für den Schutz dieser einsetzen.

Das Gadental gehört zum Biosphärenreservat Großes Walsertal, bei dem es darum geht, die Natur zu nutzen, ohne ihr zu schaden und die landschaftlichen Schätze als Kapital für die Entwicklung von Tourismus, Wirtschaft und Lebensqualität zu sehen. Im Großen Walsertal wurde die rund 3.500 Einwohner zählende Bevölkerung in die Idee, aus dem Gebiet einen Biosphärenpark zu „machen" gleich zu Beginn aktiv mit eingebunden. So wurde das Logo für den Park nicht von einem Designer, sondern im Zuge eines Schülerzeichenwettbewerbes gestaltet.

Purpur-Waldvöglein-Form

Purpur-Waldvöglein-Form

Die Wanderung beginnt am Samstag in Sonntag bei der Kirche in Buchboden. Es geht entlang des Lutzbaches, vorbei am Naturdenkmal Kessischlucht, nach Bad Rothenbrunnen. Es ist ein Ort, an dem die Zeit scheinbar stehengeblieben ist. Ein altes Kurhaus, errichtet im Jahr 1834, ein Gasthaus mit Gastgarten, eine kleine Kapelle und ein Springbrunnen, das ist Bad Rothenbrunnen. Früher wurde hier dank des eisenhaltigen, rötlich gefärbten Wassers des Matonabachs fleißig gekurt.

Weiter führt der Weg durchs Gadental hinauf zur Gadenalpe auf 1.317 m. Das Gebiet stellt eine in sich geschlossene Landschaft von weitgehender Ursprünglichkeit dar. Es ist mit einer Vielzahl naturnaher, natürlicher und ursprünglicher

Unter anderem im Gadental zu finden

Erd-Kratzdistel, Cirsium acaule

Wald-Wicke, Vicia sylvatica

Biotope in ungewöhnlicher Dichte ausgestattet. Das beginnt bei den Spirkenwäldern (einer in Österreich seltenen Föhrenart, die der Latsche ähnelt, aber bis zu zehn Metern hoch werden kann) am Taleingang und reicht bis zu den Karstbiotopen des Gadner Gschröfs, und wenn dann solch ein Frauenschuh oder ein Waldvöglein im flirrenden Gegenlicht erscheint, fühlt man sich irgendwie entrückt aus Raum und Zeit. Fast zu schön, um wahr zu sein.

Groß-Sterndolde, Astrantia major

Bunt-Hohlzahn, Galeopsis speciosa

Orchideen des Gebiets

Schmalblatt-Waldvöglein, Cephalanthera longifolia

Purpur-Waldvöglein, Cephalanthera rubra

Europa-Korallenwurz, Corallorhiza trifida

Frauenschuh, Cypripedium calceolus

Fuchs-Fingerwurz, Dactylorhiza fuchsii

Breitblatt-Fingerwurz, Dactylorhiza majalis

Traunsteiner-Fingerwurz, Dactylorhiza traunsteineri

Hohlzungen-Fingerwurz, Dactylorhiza viridis

Rot-Ständelwurz, Epipactis atrorubens

Grün-Ständelwurz, Epipactis helleborine

Sumpf-Ständelwurz, Epipactis palustris

Widerbart, Epipogium aphyllum

Mücken-Händelwurz, Gymnadenia conopsea

Duft-Händelwurz, Gymnadenia odoratissima

Einblatt-Weichständel, Malaxis monophyllos

Brand-Keuschständel, Neotinea ustulata

Vogel-Nestwurz, Neottia nidus-avis

Groß-Zweiblatt, Neottia ovata

Fliegen-Ragwurz, Ophrys insectifera

Prächtiges Manns-Knabenkraut, Orchis mascula subsp. speciosa

Weiß-Waldhyazinthe, Platanthera bifolia

Grünlich-Waldhyazinthe, Platanthera chlorantha

Weißzüngel, Pseudorchis albida

Kugelständel, Traunsteinera globosa

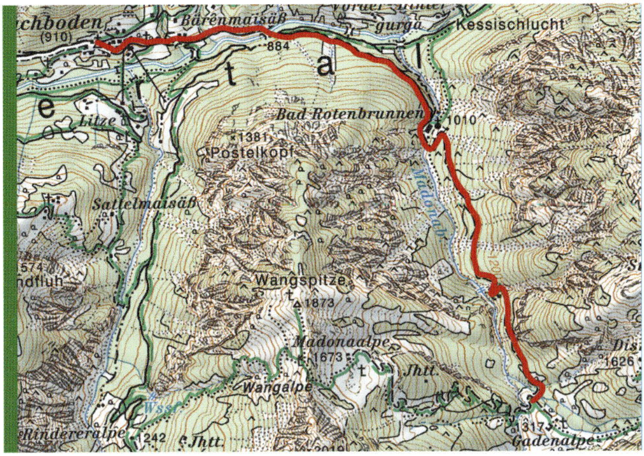

Pflanzenbesonderheiten: Hirschzunge, *Asplenium scolopendrium*; Mittleres Hexenkraut, *Circaea ×intermedia*; Armblütig-Sumpfbinse, *Eleocharis quinqueflora*; Honig-Einknolle, *Herminium monorchis*; Stechpalme, *Ilex aquifolium*; Kriech-Hauhechel, *Ononis repens*; Blasensimse, *Scheuchzeria palustris*; Braun-Kopfbinse, *Schoenus ferrugineus*; Vogesen-Mehlbeere, *Sorbus mougeotii*; Eibe, *Taxus baccata*; Gebirgs-Quendel-Ehrenpreis, *Veronica serpyllifolia* subsp. *humifusa*.

Blumenpracht: Frauenschuh, *Cypripedium calceolus*; Gelb-Enzian, *Gentiana lutea*; Schlauch-Enzian, *Gentiana utriculosa*; Wiesen-Storchschnabel, *Geranium pratense*; Groß-Springkraut, *Impatiens noli-tangere*; Gelb-Platterbse, *Lathyrus laevigatus* subsp. *occidentalis*; Prächtiges Manns-Knabenkraut, *Orchis mascula* subsp. *speciosa*.

Beste Orchideenzeit: Mitte Juni – Ende Juli, ebenso für das Purpur-Waldvöglein

Anspruch: mittel

Bergauf: 491 m

Gehzeit: 3,5 Std. (hin und zurück)

Anreise: Von Bregenz auf der A14 bis Bludenz, die B193 bis Sonntag und die Seebergstraße bis Buchboden.

Öffentliche Verkehrsanbindung: Mit der Bahn bis Bludenz, dann mit der Buslinie 73 oder 76 bis Thüringen, mit der Linie 77 bis Sonntag und der Linie 77a bis Buchboden.

Barrierefreiheit für Kinderwägen/Rollstühle: Von Buchboden talaufwärts gegeben. Schon hier von der Straße aus können 14 Orchideenarten, so Purpur-Waldvöglein, *Cephalanthera rubra*, Fliegen-Ragwurz, *Ophrys insectifera* und Prächtiges Manns-Knabenkraut, *Orchis mascula* subsp. *speciosa*, beobachtet werden.

Weitere Freizeitangebote und botanische Ziele im Gebiet:

- Blumen-Lehrpfad in Faschina ab der Mittelstation Hahnenkopf
- Volksmusikfest auf der Alpe Laguz an jedem 3. Samstag im Juli.
- Trübbachhöhle bei Marul im Großen Walsertal (größte Gipshöhle der Alpen; nicht begehbar)
- Heimatmuseum Großes Walsertal in Sonntag
- Freiluftbad Lutzschwefelbrunnen bei Buchboden
- Martinau bei Weißenbach am Lech (große Frauenschuh-Bestände, *Cypripedium calceolus*; Kurzblatt-Ständelwurz, *Epipactis distans*; usw.)
- Moore auf der Schadonaalpe östlich der Biberacher Hütte und alte Mähder südlich der Glattjöchlspitze (Hahnenfuß-Hasenohr, *Bupleurum ranunculoides*; Blutauge, *Comarum palustre*; Hoppe-Mausohr, *Pilosella hoppeana*; Mittel-Wintergrün, *Pyrola media*; Schmalblatt-Igelkolben, *Sparganium angustifolium*; usw.)
- Moore um das Martiniloch im Bereich Stein (Sumpf-Ständelwurz, *Epipactis palustris*; Moorbärlapp, *Lycopodiella inundata*; Fieberklee, *Menyanthes trifoliata*; Niedrig-Schwarzwurz, *Scorzonera humilis*; usw.)

Nordtirol – Karwendel

Die Fliegen-Ragwurz auf dem Pleisen

Fliegen-Ragwurz

Ophrys insectifera

Es verwundert nicht, dass eine so eigenartig aussehende Pflanze wie die Fliegen-Ragwurz viele Namen von der Bevölkerung erhalten hat. So nennt man sie in den Ostalpen Großer Nikolo, Affengsichtl, Hängender Jesus, Muckenbleamel oder Fliegenkräutl.

Das Aussehen ist aber nicht zufällig, sondern ganz gezielt, denn die Gattung hat einen völlig neuen, revolutionären Weg zur Arterhaltung eingeschlagen. Die Männchen einer bestimmten Insektenart, bei der Fliegen-Ragwurz ist es eine Grabwespe, erscheinen im Frühjahr kurz vor den geschlechtsreifen Weibchen. In dieser Zeit blühen die zugehörigen Ragwurze und ihre Blüten täuschen durch Aussehen, Sexualduft und Behaarung ein Weibchen vor. Die Männchen fallen darauf rein und beginnen mit der vermeintlichen Kopulation, wobei ihnen die Pollenpakete an der Stirn kleben bleiben. Nicht klüger geworden, versuchen sie es bei der nächsten Blüte erneut. Die Pollenpakete bleiben an der Narbe kleben, die Bestäubung ist vollzogen. Dieser Einfallsreichtum ist eine Meisterleistung der Evolution, den wir nur mit Ehrfurcht bestaunen können.

Fliegen-Ragwurz

Wandervorschlag

Bestimmt 100 Mal habe ich die Fliegen-Ragwurz bei Wanderungen gefunden und trotzdem löst sie nach wie vor ein Glücksgefühl aus, wenn ich ihr begegne.

Besonders viele prächtige Fliegen-Ragwurze fanden wir vor vielen Jahren am Weg von Scharnitz zur Pleisenspitze. Damals blieb ein Unimog stehen und ein älterer Mann fragte meinen Weggefährten und mich in wirschem, ja schroffem Ton, was wir hier machen und wohin wir wollen. „Auf den Berg", kam meine dumme Antwort auf eine dumme Frage.

Formenvielfalt der Fliegen-Ragwurz

Er wollte uns im Auto mitnehmen, wohl aus Angst, wir könnten dem Berg was antun, bestimmt nicht aus Höflichkeit. Wir lehnten ab, denn wo sonst haben wir so viele schöne Fliegen-Ragwurze auf einmal gesehen, und er fuhr grimmig weiter. Fridolin sagte noch zu mir aus Spaß, dass der bestimmt die Tourismusschule in Innsbruck besucht hätte, aber beim Kurs über den Umgang mit Gästen gefehlt habe.

Nach langer Zeit des Blumensuchens kamen wir zur Pleisen-Hütte, wo auch der Unimog stand. Jetzt wussten wir, dass es der Hüttenwirt gewesen war. Durst hatten wir, also kehrten wir ein und bestellten zwei Radler. Der Wirt, schon viel freundlicher, machte uns versehentlich zwei Soda-Bier. Das schmeckte ganz fürchterlich, aber wir sagten nichts, damit er seine Freundlichkeit nicht gleich wieder verlor. Nach ein bisschen Reden ver-

abschiedeten wir uns hinauf zum Gipfel und er beobachtete uns mit dem Fernstecher lange Zeit, diesmal aber aus Sorge um uns.

Am nächsten Tag kamen wir wieder runter in die Ortschaft Scharnitz und von der anderen Straßenseite rief uns der Hüttenwirt ganz freundlich zu, dass er am nächsten Tag einen Dia-Vortrag über das Karwendel mache und dass wir ganz herzlich dazu eingeladen seien. Fridolin und ich schauten uns an und waren erstaunt, wie schnell aus Fremden Freunde werden konnten.

Erst viel später erfuhren wir, dass wir es damals mit dem legendären Pleisentoni zu tun hatten, dem „Luis Trenker des Karwendels". Toni Gaugg verwirklichte sich mit der Pleisenhütte einen Lebenstraum, als er aus der Kriegsgefangenschaft heimkehrte. Er wollte auf seinem Lieblingsberg eine Hütte bauen und musste dazu die

Zweifarben-Kohlröschen, Nigritella bicolor

Österreich-Miere, Minuartia austriaca

Rot-Seifenkraut, Saponaria ocymoides

Immergrün-Felsenblümchen, Draba aizoides

Mehl-Primel, Primula farinosa

Blasen-Enzian, Gentiana utriculosa

Baustoffe zu Fuß hinauf tragen, denn eine Straße gab es damals noch nicht. 2007 starb Toni Gaugg im 88. Lebensjahr, begraben liegt er bei der Kapelle neben der Hütte und so darf er auch heute noch auf seinem Berg, dem Pleisen, sein.

Geändert hat sich seit damals nichts, außer dass jetzt Tonis Sohn Sigi die gemütliche Hütte bewirtschaftet und dass das Parken in Scharnitz jetzt 6 Euro kostet, was damals noch kostenfrei war. Der Blumenreichtum und die schmackhafte Hüttenjause sind Gott sei Dank gleich geblieben.

Der Alpenpark Karwendel umfasst beinahe das gesamte Karwendelmassiv

Clusius-Enzian und Mehl-Primel

und ist mit einer Fläche von 727 km² das größte Tiroler Schutzgebiet und der größte Naturpark Österreichs. Viele typische Pflanzen- und Tierarten der Alpen wie die Deutsch-Tamariske, *Myricaria germanica*, der Steinadler oder der Flussuferläufer haben hier bedeutende Vorkommen.

Unsere Wanderung beginnt in Scharnitz auf der asphaltierten Bergstraße, zweigt nach rund 1,5 km links auf eine Forststraße ab und folgt dieser bis hinauf zur Pleisenhütte. Wir bleiben auf der Forststraße, obwohl abgehende Wanderwege ab und an den Weg verkürzen, und genießen den leichten Anstieg, gesäumt von prächtigen Bergblumen. Die Fliegen-Ragwurz finden wir immer wieder am Forststraßenrand und auf den steinigen Böschungen, manchmal auch in Stöcken mit mehreren Blütenstängeln. Vergesellschaftet findet sie sich hier mit dem Zweifarben-Kohlröschen, *Nigritella bicolor*, welches hier bis auf rund 1.100 Meter Seehöhe hinabsteigt – bestimmt ein Tiefenrekord. Auf der Pleisenhütte, 1.757 m, angekommen, genießen wir den großartigen Ausblick auf den Karkessel von der südseitigen Sonnenterrasse, bevor der Weg, nun steiler werdend, hinauf zur Pleisenspitze führt. Schlauch-Enzian, *Gentiana utriculosa*, Nacktstängel-Kugelblume, *Globularia nudicaulis*, Mehl-Primel, *Primula farinosa*, Immergrün-Felsenblümchen, *Draba aizoides*, Rot-Seifenkraut, *Saponaria ocymoides*, Österreich-Miere, *Minuartia austriaca*, und Alpen-Leinkraut, *Linaria alpina*, schmücken den Weg, der zum Gipfel hin recht anspruchsvoll wird und für trittsichere Wanderer vorbehalten bleiben sollte. Dohlen begrüßen uns am Gipfelkreuz und bekommen für diesen freundlichen Empfang gerne einen Teil der Jause. Zurück geht's am gleichen Wege und das ist gut so, denn nun können wir noch einmal in der Pleisenhütte einkehren.

Unter anderem auf dem Pleisen zu finden

Rätisch-Kranzenzian,
Gentianella rhaetica

Streifen-Steinröslein,
Daphne striata

Rispen-Graslilie,
Anthericum ramosum

Schwalbenwurz-Enzian,
Gentiana asclepiadea

Orchideen auf dem Pleisen

Schmalblatt-Waldvöglein, Purpur-Waldvöglein, Korallenwurz, Frauenschuh, Fuchs-Fingerwurz, Kälteliebende Fuchs-Fingerwurz, Rot-Ständelwurz, Grün-Ständelwurz, Sumpf-Ständelwurz, Widerbart, Netzblatt, Mücken-Händelwurz, Duft-Händelwurz, Einblatt-Weichständel, Brand-Keuschständel, Vogel-Nestwurz, Groß-Zweiblatt, Zweifarben-Kohlröschen, Grünlich-Waldhyazinthe, Kugelständel.

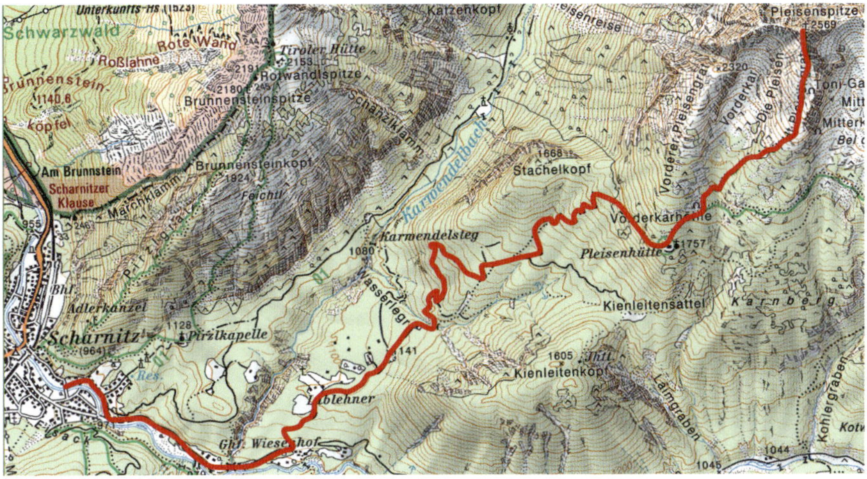

Beste Orchideenzeit: Mitte Juni – Mitte Juli, ebenso für die Fliegen-Ragwurz

Anspruch: hoch

Bergauf: 1.565 m

Gehzeit: 9 Std. (hin und zurück)

Anreise: Von Innsbruck auf der A12 bis Zirl, auf der B177 bis Scharnitz und zum Karwendel-Wanderparkplatz.
Von München auf der A95 bis Sindelsdorf, auf der B472 bis Bichl, weiter die B11 bis Krün und die B2 bis Scharnitz/Karwendel-Wanderparkplatz.

Öffentliche Verkehrsanbindung: Von Innsbruck Hbf mit der S5 oder dem REX bis Scharnitz, von München mit dem REX 5412 oder von Seefeld mit der Buslinie 4186.

Weitere Freizeitangebote im Gebiet:
- Naturparkhaus Hinterriß
- Schaukäserei Engalm
- 101 Almen im Gebiet
- Infopunkt Scharnitz
- Großer Ahornboden in der Eng mit etwa 2.200 beeindruckenden Berg-Ahornen.

Das Weißzüngel am Hühnerspiel

Weißzüngel

Pseudorchis albida

Heimische Orchideen sind in der Regel kalkliebende Pflanzen und so beherbergen die Kalkalpen weit mehr Arten als die zum größten Teil aus Urgesteinen bestehenden Zentralalpen. Und doch gibt es einige Arten, welche vermehrt die Silikatalpen besiedeln. Eine davon ist das Weißzüngel, welches in seiner Nominatform saure Almwiesen bevorzugt. Die seltenere Unterart *tricuspis* hingegen ist kalkstet und findet sich neben Zwergständel und Kohlröschen in den höheren Regionen der Kalkalpen.

Spektakulär wird es, wenn das Weißzüngel, egal welche Unterart, Hybriden mit anderen Gattungen bildet. Bekannt sind solche Kreuzungen in Mitteleuropa bisher mit Fuchs-Fingerwurz, Lappland-Fingerwurz, Mücken-Händelwurz, Rhellicanus-Kohlröschen und Widder-Kohlröschen. Diese Gattungshybriden zeichnen sich immer durch einen gewissen Gelbstich aus und gehören zu den ganz besonderen Kleinodien der Berge.

Hybride aus Weißzüngel x Fuchs-Fingerwurz

Wandervorschlag

Lichte Lärchenwälder voller Trollblumen, Almwiesen mit kalkliebenden und kalkfliehenden Bergblumen, eine sagenhafte Aussicht zu den benachbarten Bergstöcken und eine Bio-Berghütte auf fast 1.900 m Seehöhe – was will man mehr.

Aber der Reihe nach: Von Sterzing aus führt eine kostenfreie Bergstraße hinauf bis zur Riedbergalm. Hier gibt es einen kleinen Parkplatz unterhalb der Almwirtschaft, wo man sich noch einmal stärken kann. Gemächlich zieht sich der Weg nun hinauf in Richtung Weißspitze. Rhellicanus-Kohlröschen, *Nigritella rhellicani*, Weißzüngel, *Pseudorchis albida* subsp. *albida*, die Gebirgsform der Weiß-Waldhyazinthe, *Platanthera bifolia* var. *subalpina*, Mücken-Händelwurz, *Gymnadenia conopsea*, und Fuchs-Fingerwurz, *Dacty-*

lorhiza fuchsii, sind hier auf der Riedbergalm zu finden, dazu Alpen-Astern, *Aster alpinus,* Edelweiß, *Leontopodium alpinum,* und Tiroler Alpen-Spitzkiel, *Oxytropis campestris* var. *tiroliensis.* Kalk- und Silikatgestein wechseln kleinräumig ab und sind für den Artenreichtum verantwortlich. Aber nicht nur am Boden wachsen schöne Gestalten, die Augen einmal aufgerichtet erscheint der Habicht, der dem bislang beherrschenden Tribulaun die Schau stiehlt. Den Blick wieder tiefer gerichtet, begeistern die grünen Matten von Sterzing und nach einiger Zeit gesellen sich die Ötztaler Wildspitze und die Dolomiten dazu. Tirolerland, du bist so schön.

Etwa 200 m unterhalb vom Weißspitz-Gipfel zweigt ein Pfad (3b) zum Sattel Richtung Hühnerspitze ab. Dieser Weg sollte nur von erfahrenen Berggehern genommen werden und auch nur dann, wenn die Kare bereits schneefrei sind. Bis in den Juli hinein kann sich hier der Schnee halten und die Querung unmöglich machen. Alle anderen sollten umkehren und den gleichen Weg zurück nehmen oder wild ins Hühnerspiel-Biotop Richtung Platzalm absteigen.

Wir gehen aber weiter den schiefrigen Südgrat hinauf. Der Steig präsentiert sich mit einer Alu-Brücke und einer Leiter. Nach diesem anspruchsvolleren Stück sind wir bald am Gipfel des Hühnerspiels, auf 2.748 m, auch Amthorspitze genannt, zu Ehren des Alpinpioniers Dr. Eduard Amthor (1820–1884). Die Pflanzenwelt hier ist großartig: Pacher-Löwenzahn, *Taraxacum pacheri,* Gletscher-Nelke, *Dianthus glacialis,* Rätisch-Pippau, *Crepis rhaetica,* Bunt-Läusekraut, *Pedicularis oederi,* Küpfer-Hahnenfuß, *Ranunculus*

Biotop Hühnerspiel, dahinter die Weißspitze

Hybriden mit dem Weißzüngel

Weißzüngel × weißer Fuchs-Fingerwurz, ×Pseudorhiza bruniana

Weißzüngel × Rot-Kohlröschen, ×Pseuditella vizanensis

Weißzüngel × Rhellicanus-Kohlröschen, ×Pseuditella micrantha

kuepferi, Zwerg-Haarschlund, *Comastoma nanum*, und viele andere Besonderheiten sind zu finden.

Hinunter geht's nun vorbei an den Funktürmen und den Resten des ehemaligen Sesselliftes zur Hühnerspiel-Hütte, auf 1.868 m, einer von zwei biozertifizierten Berghütten in Südtirol. Brigitte, die Wirtin, verwöhnt mit Spinatkrapfen aus Gutem Heinrich, *Blitum bonus-henricus*, und anderen Schmankerln und Klaus kredenzt die besten Bio-Weine Südtirols. Ein kulinarisches Erlebnis mit Traumaussicht. An manchen Wochenenden gibt es hier auch Konzerte, Theateraufführungen und sogar ein Bergkino. Es zahlt sich jedenfalls aus, hierherzukommen.

Nun ist es nur mehr ein kurzes Stück hinauf zur Riedbergalm, dem Ausgangspunkt. Es geht durch lichte Lärchenwälder, in denen Alpenrosen und Trollblumen für die farblichen Akzente sorgen, vorbei an bunten Almwiesen mit Arnika, *Arnica montana*, Einkorb-Ferkelkraut, *Hypochoeris uniflora*, und Langblatt-Witwenblumen, *Knautia longifolia*. Besonders bunt treiben es die Wiesen um die Platzalm, ein Teil des geschützten Biotops Hühnerspiel mit Hunderten Weißzüngeln, *Pseudorchis albida*, Mücken-Händelwurzen, *Gymnadenia conopsea*, und Rhellicanus-Kohlröschen, *Nigritella rhellicani*.

Weißzüngel × Mücken-Händelwurz, ×Pseudadenia schweinfurthii

Weißzüngel × Lappland-Fingerwurz, ×Pseudorhiza foelscheorum

Unter anderem im Gebiet zu finden

Gletscher-Nelke, Dianthus glacialis

Rundblatt-Enzian, Gentiana orbicularis

Tiroler Alpen-Spitzkiel, Oxytropis campestris var. tiroliensis

Seidenhaar-Spitzkiel, Oxytropis halleri

Bunt-Läusekraut, Pedicularis oederi

Gelbe Alpen-Kuhschelle, Pulsatilla alpina subsp. apiifolia

Küpfer-Hahnenfuß, Ranunculus kuepferi

Zweiblüten-Steinbrech × Gegenblatt-Steinbrech, Saxifraga ×kochii

Zweiblüten-Steinbrech, Saxifraga biflora

Orchideen am Hühnerspiel

Zwergständel (Weißspitze), Korallenwurz, Fuchs-Fingerwurz, Breitblatt-Fingerwurz, Hohlzungen-Fingerwurz, Rot-Ständelwurz, Grün-Ständelwurz, Sumpf-Ständelwurz, Mücken-Händelwurz, Mücken-Händelwurz × Rhellicanus-Kohlröschen, Rhellicanus-Kohlröschen, Prächtiges Manns-Knabenkraut, Weiß-Waldhyazinthe, Weißzüngel, Kugelständel.

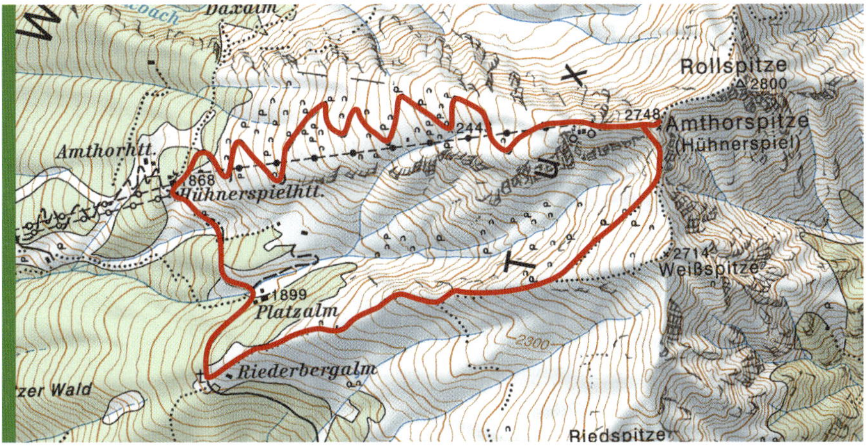

Pflanzenbesonderheiten: Rätisch-Pippau, *Crepis rheatica*; Flattnitz-Felsenblümchen, *Draba fladnitzensis*; Kärnten-Tauernblümchen, *Lomatogonium carinthiacum*; Tiroler Alpen-Spitzkiel, *Oxytropis campestris* var. *tiroliensis*; Seidenhaar-Spitzkiel, *Oxytropis halleri*; Gletscher-Fingerkraut, *Potentilla frigida*; Schneeweiß-Fingerkraut, *Potentilla nivea*; Küpfer-Hahnenfuß, *Ranunculus kuepferi*; Zweiblüten-Steinbrech, *Saxifraga biflora* × Gegenblatt-Steinbrech, *S. oppositifolia*; Pacher-Löwenzahn, *Taraxacum pacheri*.

Blumenpracht: Gletscher-Nelke, *Dianthus glacialis*; Rundblatt-Enzian, *Gentiana orbicularis*; Bunt-Läusekraut, *Pedicularis oederi*; Gelbe Alpen-Kuhschelle, *Pulsatilla alpina* subsp. *apiifolia*; Frühlings-Kuhschelle, *Pulsatilla vernalis*.

Beste Orchideenzeit: Anfang Juli – Ende Juli, so auch für das Weißzüngel

Anspruch: hoch

Bergauf: 1.012 m

Gehzeit: 4,5 Std. (bis zum Hühnerspiel-Gipfel und über die Hühnerspiel-Hütte zurück)

Anreise: Von Innsbruck oder Bozen auf der A13 bis zur Abfahrt Sterzing. Dann ins Pfitscher Tal, kurz vor dem Ort Wiesen auf steiler Straße hinauf über Flains nach Schmuders. Die bisher geteerte Straße geht etwa bei Plan in eine geschotterte Waldstraße über; dieser mehrere Kilometer folgen, an der Jausenstation Brandner Alm vorbei, bis zur Riedbergalm, wo ein kleiner, gebührenfreier (Stand 2014) Wanderparkplatz zur Verfügung steht.

Öffentliche Verkehrsanbindung: Von Innsbruck oder Bozen mit der Bahn bis Sterzing, dann mit dem Bus bis Schmuders und zu Fuß zur Riedbergalm oder von Sterzing mit dem Taxi zur Riedbergalm (z.B. Taxi Rieder +39/472-767314)

Weitere Freizeitangebote und botanische Ziele im Gebiet:

- Gilfenklamm in Ratschings
- Zwölferturm und Fußgängerzone in Sterzing
- Multschermuseum und Stadtmuseum im Deutschordenshaus in Sterzing
- Blaser in den Stubaieralpen (Edelweiß, *Leontopodium alpinum*; Bunt-Läusekraut, *Pedicularis oederi*; usw.)

Die Fleisch-Fingerwurz in Hollersbach

Fleisch-Fingerwurz

Dactylorhiza incarnata

Relativ selten und doch sehr vielgestaltig ist die Fleisch-Fingerwurz, die in den Ostalpen in der spätblühenden Unterart serotina, in einer oberseits gefleckten Varietät *reichenbachii,* in einer blassgelben Form *ochrantha* und einigen Spielformen mehr auftritt. Die schönste allerdings ist die beidseitig *purpurbraun* gefleckte Varietät *hyphaematodes,* die auch hier in Hollersbach vereinzelt auftritt.

Dactylorhiza incarnata var hyphaematodes

Wandervorschlag

Es ist kein tagesfüllendes Programm, mehr was für Zwischendurch – die Hollersbacher Feuchtwiesen im Salzburger Pinzgau. Aber sie beheimaten einen besonderen Schatz für alle Freunde der heimischen Orchideen – die beidseitig gefleckte Varietät mit dem kaum aussprechbaren Namen *„hyphaematodes"*. Und weil es nicht die einzige Fingerwurz-Art ist, die hier in den Sumpfwiesen wächst, kommen auch verschiedene interessante Kreuzungen vor. Die häufigste, die hier auch alle Jahre blüht, ist *Dactylorhiza × aschersoniana,* das Kind aus Fleisch-Fingerwurz und Breitblatt-Fingerwurz. Benannt ist die Hybride zu Ehren des deutschen Botanikers und Sprachforschers Paul Ascherson (1834–1913). Weitaus seltener und auch nicht jedes Jahr hier in Hollersbach auftretend

Traunsteiner-Fingerwurz, Dactylorhiza traunsteineri

Fingerwurze Österreichs (Auswahl)

Fleisch-Fingerwurz, Dactylorhiza incarnata

Lappland-Fingerwurz, Dactylorhiza lapponica

Breitblatt-Fingerwurz, Dactylorhiza majalis

ist die Kreuzung aus Fleisch-Fingerwurz mit Traunsteiner-Fingerwurz. Diese *Dactylorhiza × thellungiana* ist nach dem Schweizer Botaniker Albert Thellung (1881–1928) benannt. Und auch die dritte hier auftretende Fingerwurz-Hybride ehrt einen Botaniker: *Dactylorhiza × dufftiana*, die Kreuzung aus Breitblatt-Fingerwurz und Traunsteiner-Fingerwurz, die den Namen des deutschen Apothekers Carl Waldemar Dufft (1825–1900), der sich insbesondere den schwierigen Pflanzengattungen angenommen hat, in sich trägt. Und je mehr Menschen darüber Bescheid wissen, was für Schätze diese Hollersbacher Feuchtwiesen beherbergen, desto größer ist die Chance ihres Überlebens, desto mehr Menschen werden sich einsetzen, dass diese Wiesen in ihrer jetzigen Form erhalten bleiben. Denn es ist alles

Strohgelb-Fingerwurz, Dactylorhiza ochroleuca

Holunder-Fingerwurz, Dactylorhiza sambucina

Hohlzungen-Fingerwurz, Dactylorhiza viridis

andere als selbstverständlich, dass die Freizeitanlage des Badeteichs nicht auf Kosten der Wiesen vergrößert wird oder Ähnliches mehr. „Nur was der Mensch kennt, lernt er lieben. Was er liebt, verteidigt er“, schrieb einmal der Nobelpreisträger Konrad Lorenz. Wie Recht er doch hatte, denn wüsste niemand über die Schätze dieser Wiesen, dann würde sich auch keiner daran stoßen, wenn Bagger irgendwann die Wiesen drainierten. Der von so manchem eingeschlagene Weg, wertvolle Plätze durch Geheimhaltung zu schützen, ist nicht mehr zeitgemäß und hat sich als wenig zielbringend erwiesen. Eine Düngung aus Unwissenheit genügt und alle Pracht wäre verschwunden. Je mehr Menschen vom Schatz der Hollersbacher Feuchtwiesen wissen, desto größer ist die Chance ihres Überlebens.

Unter anderem im Gebiet zu finden

Nick-Zweizahn, Bidens cernua

Perücken-Flockenblume, Centaurea pseudophrygia

Wasserschierling, Cicuta virosa

Bach-Nelkenwurz, Geum rivale

Fieberklee, Menyanthes trifoliata

Wiesen-Esparsette, Onobrychis viciifolia

Bach-Pestwurz, Fruchtstand, Petasites hybridus

Zungen-Hahnenfuß, Ranunculus lingua

Rot-Lichtnelke, Silene dioica

Orchideen in Hollersbach

Fuchs-Fingerwurz, Fuchs-Fingerwurz × Breitblatt-Fingerwurz, Fleisch-Fingerwurz, Fleisch-Fingerwurz × Breitblatt-Fingerwurz, Fleisch-Fingerwurz × Traunsteiner-Fingerwurz, Breitblatt-Fingerwurz, Breitblatt-Fingerwurz × Traunsteiner-Fingerwurz, Traunsteiner-Fingerwurz, Sumpf-Ständelwurz.

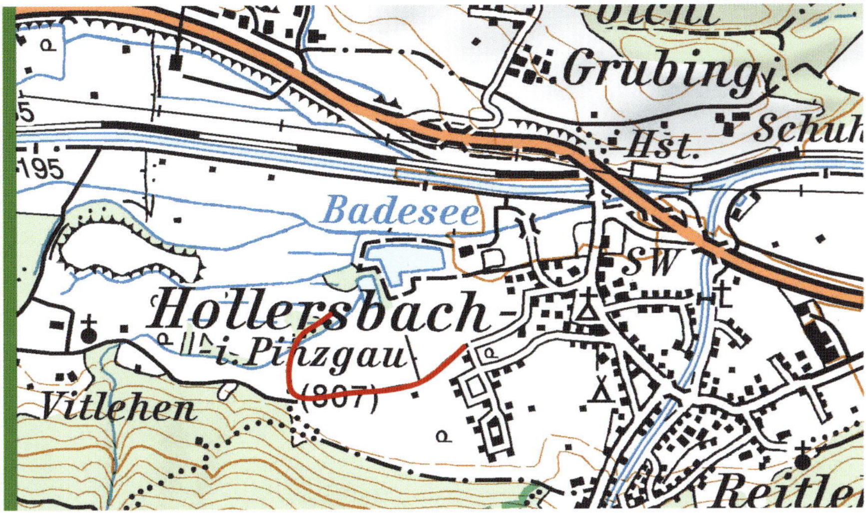

Pflanzenbesonderheiten: Nick-Zweizahn, *Bidens cernua*; Schweinsohr, *Calla palustris*; Wasserschierling, *Cicuta virosa*; Quirl-Tausendblatt, *Myriophyllum verticillatum*.

Blumenpracht: Perücken-Flockenblume, *Centaurea pseudophrygia*; Sumpf-Blutauge, *Comarum palustre*; Zungen-Hahnenfuß, *Ranunculus lingua*; Akelei-Wiesenraute, *Thalictrum aquilegiifolium*.

Beste Orchideenzeit: Ende Mai – Mitte Juli, für die Fleisch-Fingerwurz Ende Mai – Ende Juni

Anspruch: gering

Höhenmeter: 0

Gehzeit: ½ Std.

Barrierefreiheit: Gegeben, wenn Rollstühle/Kinderwägen auf den Holzsteg gehoben werden.

Anreise: Von Salzburg über die A10 bis Bischofshofen, die Schnellstraße 311 bis Zell am See, die B168 bis Mittersill und die B165 bis Hollersbach. Im Ort das Fahrzeug stehen lassen und am Güterweg westwärts bis zum Naturschutzgebiet gehen.
Von Innsbruck die A12 bis Jenbach, die B169 bis Zell am Ziller und die B165 bis Hollersbach. Weiter wie oben.

Öffentliche Verkehrsanbindung: Mit der Bahn bzw. der Busline 670 von Mittersill oder Krimml bis Hollersbach.

Weitere Freizeitangebote und botanische Ziele im Gebiet:

- Klausnerhaus mit Heilkräuterausstellung
- Kräutergarten Hollersbach
- Bachlehrweg zum Kratzenbergsee

Die Duft-Händelwurz der Heiligenbachalm

Duft-Händelwurz

Gymnadenia odoratissima

Meist ist es der wunderbare Duft, der diese Orchidee verrät. Und steigt uns beim Wandern ein lieblicher Vanille-Schokoladen-Geruch in die Nase, dann sind ziemlich sicher Händelwurze, Kohlröschen oder Rot-Ständelwurze am Wegesrand. Es zahlt sich aus, sich zu bücken, um sich am Duft dieser Bergorchideen zu erfreuen.

In den Ostalpen ist die Duft-Händelwurz in den Kalkalpen und in den Dolomiten weit verbreitet, fehlt aber im größten Teil der zentralen Ketten. Formenreich ist die Art hier am Grünleitennock, wo sie in Rosa, Weiß und Blassgelb auftritt, aber auch Hybriden (Kreuzungen) mit der Mücken-Händelwurz und dem Rhellicanus-Kohlröschen bildet. Sogar ihr „Kind" mit dem Weißzüngel, *Pseudorchis albida*, soll hier schon einmal gefunden worden sein.

Duft-Händelwurz und xGymnigritella heufleri

Wandervorschlag

Die Nockberge mit ihrem Zusammenspiel von Urgestein und Kalk sind eine nimmer endende Spielwiese für Blumenfreunde. Dolomiten-Mannsschild, *Androsace hausmannii,* Kärnten-Tauernblümchen, *Lomatogonium carinthiacum,* Dolomiten-Fingerkraut, *Potentilla nitida,* Norwegen-Tragant, *Astragalus norvegicus,* Koriander-Schmuckblume, *Callianthemum coriandrifolium,* Nick-Steinbrech, *Saxifraga cernua,* Zotten-Primel, *Primula villosa,* × Melzer-Nelke, *Dianthus × melzeri* (Hybride aus *Dianthus superbus* subsp. *alpestris* × D. *sylvestris*), Zart-Haarschlund, *Comastoma tenellum,* Liegend-Enzian, *Gentiana prostrata,* Burser-Steinbrech, *Saxifraga burseriana,* Wulfen-Mannsschild, *Androsace wulfeniana,* Blau-Mänderle, *Paederota bonarota,* Krainer Strauß-Glockenblume, *Campanula thyrsoides* subsp. *carniolica,* Kopfiges Steppen-Aschenkraut, *Tephroseris integrifolia* subsp. *capitata,* Tauern-Weide, *Salix mielichhoferi,* Wimper-Steinbrech, *Saxifraga blepharophylla,* und viele weitere Besonderheiten

In Österreich bildet die Duft-Händelwurz Kreuzungen mit

Duft-Händelwurz × Zweifarben-Kohlröschen, G. odoratissima × N. bicolor

Duft-Händelwurz × Steineralpen-Kohlröschen, G. odoratissima × N. lithopolitanica

Duft-Händelwurz × Steiermark-Kohlröschen, ×Gymnigritella trummerana

mehr beheimatet diese Berggruppe. An Orchideen sind es besonders die Hybriden, die begeistern: Duft-Händelwurz × Rhellicanus-Kohlröschen, Mücken-Händelwurz × Rhellicanus-Kohlröschen, Rhellicanus-Kohlröschen × Rot-Kohlröschen, Mücken-Händelwurz × Duft-Händelwurz. Und das Schöne ist, dass die Orchideenbesonderheiten alle auf einem Berg, ja beinahe auf einer Alm zu finden sind, während man für die oben genannten Nichtorchideen ungezählte Höhen- und Längenmeter zurücklegen muss, um alle finden zu können. Die Rede ist von der Heiligenbachalm am Grünleitennock. Direkt von der Nockalmstraße aus am Straßenrand sind schon die ersten Duft-Händelwurze zu entdecken und auf den dahinter liegenden, großflächigen Weiden finden auch die anderen genannten Orchideen ideale Wuchsbedingungen.

Neben den vielen botanischen Besonderheiten bieten die Nockberge auch einige touristische Glanzlichter. Sowohl als Ausgangspunkt für Orchideenwanderungen, als auch für die nichtbotanischen Sehenswürdigkeiten fungiert die 35 Kilometer lange Nockalmstraße. An ihr liegt etwa die Grundalm mit der Ausstellung „Bäume als Überlebenskünstler, ein Naturgeheimnis". Der Windebensee wird umrundet von einem Naturlehrweg zum Thema „Alpine Lebensgemeinschaften". Auf der Zechneralm, ganz nahe der Heiligenbachalm, gibt es ein Almwirtschaftsmuseum zu sehen und in Karlbad, einem 300 Jahre alten Bauernbad, kann man sich in Lärchentrögen, gefüllt mit radonhaltigem Quellwasser, welches mittels schwefelhaltigem Konglomeratgestein aufgeheizt wird, entspannen.

Ausgangspunkt unserer Wanderung ist der Gasthof Pfandl mit seinem „Reich der Murmeltiere", wo man allerlei Wissenswertes über die putzigen Bergbewohner erfährt. Für den ersten Teil der Wanderung über die Heiligenbachalm sollte man sich besonders viel Zeit nehmen, denn die Tour beginnt gleich mit dem orchideenreichsten Abschnitt. Die Fliegen-Ragwurz, Ophrys insectifera, steigt hier auf 1.900 Höhenmeter, die Mücken-

Duft-Händelwurz × Rhellicanus-Kohlröschen, ×Gymnigritella heufleri

Duft-Händelwurz × Fuchs-Fingerwurz, ×Dactylodenia regeliana

Duft-Händelwurz × Mücken-Händelwurz, Gymnadenia × intermedia

Händelwurz zeigt sich in einer besonders breitblättrigen Form und die verschiedenfärbigen Gattungshybriden zwischen Kohlröschen und Händelwurzen beeindrucken in Farbenvielfalt und Duft.

Am Grünleitennock sind die Murmeltiere besonders zutraulich. Seitdem die Nockberge Nationalpark sind, verlieren die Tiere mehr und mehr die Scheu, sie sehen in den vorbeiziehenden Wanderern keine Gefahr mehr. Ganz im Gegenteil, hier könnte ja eine potentielle Nahrungsquelle vorbeimarschieren.

Über die Grünleitenscharte und den einsamen Friesenhalssee geht's zurück zur Zechneralm, wo eine Dauerausstellung über das Almleben informiert. Der letzte Kilometer zurück zum Ausgangspunkt verläuft entlang der Nockalmstraße und hier lassen sie sich wieder in Menge blicken, die Duft-Händelwurze und die anderen Bergorchideen der Heiligenbachalm.

Bei der Wanderung unter anderem zu finden

Braun-Klee, Trifolium badium

Silberwurz, Dryas octopetala

Gold-Pippau, Crepis aurea

Rhellicanus-Kohlröschen, Nigritella rhellicanus

Blasen-Enzian, Gentiana utriculosa

Rot-Kohlröschen, Nigritella rubra

Wulfen-Hauswurz, Sempervivum wulfenii

Stein-Nelke, Dianthus sylvestris

Ostalpen-Glockenblume, Campanula alpina

Frühlings-Kuhschelle, Pulsatilla vernalis

Kärnten-Tauernblümchen, Lomatogonium carinthiacum

Grüner Weiß-Germer, Veratrum album subsp. lobelianum

Orchideen der Heiligenbachalm und am Grünleitennock

Zwergständel, Fuchs-Fingerwurz, Hohlzungen-Fingerwurz, Rot-Ständelwurz, Mücken-Händelwurz, Mücken-Händelwurz × Duft-Händelwurz, Mücken-Händelwurz × Rhellicanus-Kohlröschen, Duft-Händelwurz, Duft-Händelwurz × Rhellicanus-Kohlröschen, Groß-Zweiblatt, Rhellicanus-Kohlröschen, Rhellicanus-Kohlröschen × Rot-Kohlröschen, Rot-Kohlröschen, Fliegen-Ragwurz, Gewöhnlich-Weißzüngel, Dreizacken-Weißzüngel.

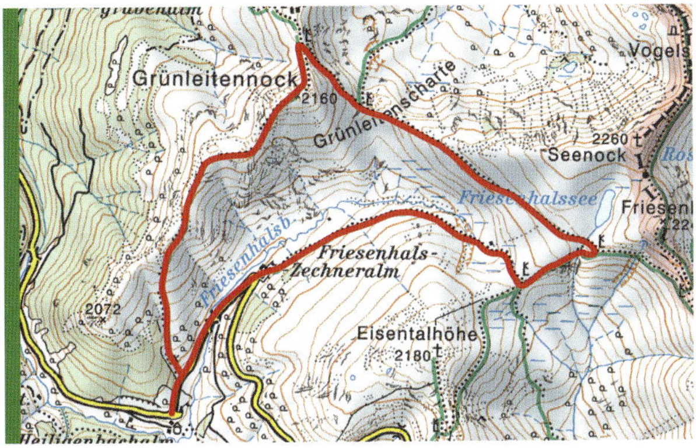

Pflanzenbesonderheiten: Hybride aus Duft-Händelwurz × Rhellicanus-Kohlröschen, × *Gymnigritella heufleri*; Kärnten-Tauernblümchen, *Lomatogonium carinthiacum*; Wulfen-Hauswurz, *Sempervivum wulfenii.*

Blumenpracht: Stein-Nelke, *Dianthus sylvestris*; Gletscher-Gamswurz, *Doronicum glaciale*; Blasen-Enzian, *Gentiana utriculosa*; Frühlings-Kuhschelle, *Pulsatilla vernalis*; Burser-Steinbrech, *Saxifraga burseriana.*

Beste Orchideenzeit: Ende Juni – Ende Juli, für die Duft-Händelwurz Anfang Juli – Ende Juli

Anspruch: mittel

Bergauf: 311 m

Gehzeit: 3 Std. (ganze Runde)

Anreise: Von Klagenfurt auf der B95 bis Ebene Reichenau, dann bei Winkl links hinauf zur Nockalmstraße. Diese ist geeignet für PKW, Wohnmobile, Fahrräder und Motorräder. Zwischen 18:00 und 07:00 Uhr gilt ein Motorrad-Fahrverbot. Tageskarten kosten für PKW 16,50 Euro und Motorräder 9,50 Euro (Stand 2014). Die Straße ist von Anfang Mai bis 26. Oktober geöffnet.

Öffentliche Verkehrsanbindung: Von Klagenfurt mit der Buslinie 5230 bis Ebene Reichenau, dann mit dem Taxi (z. B. Taxi Krassnitzer +43/4279-361) bis zur Heiligenbachalm.

Weitere Freizeitangebote und botanische Ziele im Gebiet:

- Almwirtschaftsmuseum Zechneralm mit Bauernmarkt und Mostschenke
- Karlbad – Kurbad und Kulinarik
- Grundalm mit „Silva Magica" mit dem Thema Naturgeheimnisse
- Glockenhütte an der Nockalmstraße, mit Bauernmarkt und Wunschglocke
- Windebensee mit Naturlehrweg
- Weg der Elemente mit Steinkreisen im östlichen Teil der Nockalmstraße
- „Im Reich der Murmeltiere" auf der Pfandlhütte
- Sennhüttenführung auf der Heiligenbachalm
- Gregerlenock mit Hänge-Tragant, *Astragalus penduliflorus*; Österreich-Rittersporn, *Delphinium elatum* subsp. *austriacum*; Drüsen-Mauerpfeffer, *Sedum villosum*; Kopfigem Steppen-Aschenkraut, *Tephroseris integrifolia* subsp. *capitata*; Norwegen-Tragant, *Astragalus norvegicus* usw.
- Zunderwand mit Blau-Mänderle, *Paederota bonarota*; Dolomiten-Fingerkraut, *Potentilla nitida*; Koriander-Schmuckblume, *Callianthemum coriandrifolium*; usw.

Schmalblatt-Waldvöglein am Kathreinkogel

Schmalblatt-Waldvöglein

Cephalanthera longifolia

Der botanische Gattungsname heißt übersetzt „Kopfblüte“. Im Deutschen ist man Gott sei Dank poetischer und so hat sich mit dem lieblichen Wort „Waldvöglein“ ein passender Name für eine derart anmutige Pflanze durchgesetzt.

Früher war in Österreich das Breitblatt-Waldvöglein, *Cephalanthera damasonium*, die am öftesten zu findende der drei heimischen Arten. Heute ist es das Schmalblatt-Waldvöglein, welches sich scheinbar auf die Veränderungen der Landschaft besser einstellen kann. So findet man diese Art gerne auch am gemähten Straßenrand, in verbuschenden Wiesen und sogar als spontanen Gast im naturnahen Garten – eine Riesenfreude. Das Schmalblatt-Waldvöglein liebt kalkreiche Standorte, verschmäht aber auch kalkarme nicht und findet sich so etwa auch im sauren Edelkastanien-Wald an der Brand-Laabener Panoramastraße ein.

Breitblatt-Waldvöglein, C. damasonium

Wandervorschlag

In den 1970er-Jahren entdeckten Hobbyarchäologen am Kathreinkogel in Kärnten mehrere Oberflächenfunde, vor allem Gebrauchskeramik, deren Ursprung sich als aus der Bronzezeit stammend herausstellte. Nach der Untersuchung der Funde ordnete das Bundesdenkmalamt Notgrabungsarbeiten an, da die noch unter der Erde vermuteten Objekte durch zwei Steinbrüche im südwestlichen Bereich des Kathreinkogels gefährdet waren.

Interessant auch die Geschichte des Kirchleins St. Katharina nahe dem Gipfel des gleichnamigen Kogels auf 772 m, welche sich lange Zeit nur durch Almosen erhielt und dadurch die für katholische Kirchen fast schon spartanische Schönheit erhielt.

Der Gasthof Kreuzwirt ist der Ausgangspunkt der Wanderung. Anfänglich

Waldvöglein am Kathreinkogel

Schmalblatt-Waldvöglein, C. longifolia

Purpur-Waldvöglein, C. rubra

Rosa Form des Schmalblatt-Waldvögleins, C. longifolia var. rosea

führt der Weg durch Felder, dann durch Wälder, dazwischen auch über Magerwiesen mit Gelb-Lein, *Linum flavum*, und Dreizahn-Keuschständel, *Neotinea tridentata*. Nun steigt der Weg durch den Wald an und es verblüfft die Menge an Waldvöglein und deren Mannigfaltigkeit hier. Von den 14 Waldvöglein-Arten, die es weltweit gibt, kommen drei in Mitteleuropa und alle drei auch am Kathreinkogel in reicher Zahl vor. Dem nicht genug, findet sich hier auch die ganz seltene rosa blühende Varietät des Schmalblatt-Waldvögleins. Sie wurde in den 1990er-Jahren hier gefunden und als Kreuzung mit dem Purpur-Waldvöglein angesprochen. Weitere Besuche zeigten, dass diese anfängliche Bestimmung falsch war, doch wie

Unter anderem am Kathreinkogel zu finden

Hybride aus Schmalblatt-Waldvöglein × Purpur-Waldvöglein

Rauhaar-Zwergginster, Chamaecytisus hirsutus

Flügel-Ginster, Genista sagittalis

Finger-Zahnwurz, Cardamine pentaphyllos

Kreuz-Enzian, Gentiana cruciata

Blut-Storchschnabel, Geranium sanguineum

der Zufall es so will, konnte am selben Berg auch die echte *Cephalanthera × otto-hechtii*, die Kreuzung aus Langblatt- × Purpur-Waldvöglein, gefunden werden. Also beheimatet dieser kleine Hügel fast alles, was in punkto Waldvöglein in Österreich gefunden werden kann. An den wärmebegünstigten Plätzen des Kathreinkogels findet sich auch der Dingel, *Limodorum abortivum*, und an nordexponierten, luftfeuchten Hängen sind sogar alpine Pflanzen wie Wimper-Alpenrose, *Rhododendron hirsutum*, Aurikel, *Primula auricula*, und Alpen-Fettkraut, *Pinguicula alpina*, zu finden.

Durch die vielen Blumen seelisch gestärkt, machen wir uns auf den Rückweg zum Kreuzwirt, wo wir uns bei Rosis köstlichen Kasnudeln auch kulinarisch verwöhnen lassen können.

Orchideen des Kathreinkogelgebiets

Breitblatt-Waldvöglein, Schmalblatt-Waldvöglein (auch die rosablühende Varietät), Schmalblatt-Waldvöglein × Purpur-Waldvöglein, Purpur-Waldvöglein, Korallenwurz, Fuchs-Fingerwurz, Fleisch-Fingerwurz, Fleisch-Fingerwurz × Breitblatt-Fingerwurz, Fleisch-Fingerwurz × Traunsteiner-Fingerwurz, Breitblatt-Fingerwurz, Traunsteiner-Fingerwurz, Rot-Ständelwurz, Rot-Ständelwurz × Kleinblatt-Ständelwurz, Grün-Ständelwurz, Kleinblatt-Ständelwurz, Mücken-Händelwurz, Duft-Händelwurz, Dingel, Moor-Glanzständel, Dreizahn-Keuschständel, Herz-Zweiblatt, Vogel-Nestwurz, Groß-Zweiblatt, Weiß-Waldhyazinthe.

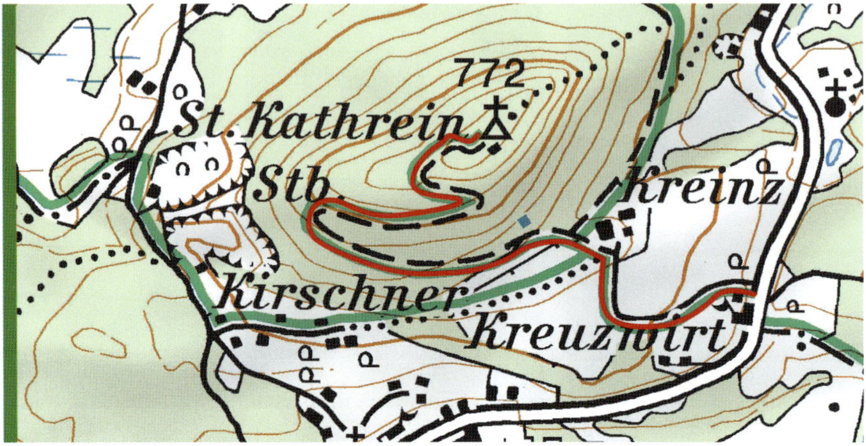

Pflanzenbesonderheiten: Rosa Form des Langblatt-Waldvögleins, *Cephalanthera longifolia* var. *rosea*; Karst-Schneckenklee, *Medicago carstiensis*; Herz-Zweiblatt, *Neottia cordata*; Hopfenbuche, *Ostrya carpinifolia*.

Blumenpracht: Finger-Zahnwurz, *Cardamine pentaphyllos*; Blut-Storchschnabel, *Geranium sanguineum*, Dingel, *Limodorum abortivum*, Fieberklee, *Menyanthes trifoliata*.

Beste Orchideenzeit: Mitte Mai – Anfang Juli, für das Schmalblatt-Waldvöglein Anfang Juni – Ende Juni

Anspruch: gering

Höhenmeter: 181 m

Gehzeit: 1 Std. (hin und zurück)

Anreise: Von Villach auf der B83 bis Lind ob Velden, dann die L60, L52 und L97 bis Schiefling am See, dann die L 98, die Farrendorfer Straße bis zum Kreuzwirt. Von Klagenfurt auf der B91 bis zur Abzweigung L97, der Keutschacher Straße bis Schiefling am See, dann wie oben.

Öffentliche Verkehrsanbindung: Mit dem Bus 5316 von Klagenfurt Hauptbahnhof

Weitere Freizeitangebote und botanische Ziele im Gebiet:

- Aussichtsturm Pyramidenkogel
- Rauschelesee-Ufer (Traunsteiner-Fingerwurz, *Dactylorhiza traunsteineri*; Fleisch-Fingerwurz, *Dactylorhiza incarnata*; Breitblatt-Fingerwurz, *Dactylorhiza majalis*, und deren Hybriden)
- Keutschachersee-Moor (Sumpf-Haarstrang, *Peucedanum palustre*; Fleisch-Fingerwurz, *Dactylorhiza incarnata*; Kamm-Wurmfarn, *Dryopteris cristata*, usw.)

Überblick über heimische Enziane

Stängellos-Enzian, Gentiana acaulis

Schwalbenwurz-E., Gentiana asclepiadea

Bayern-Enzian, Gentiana bavarica

Clusius-Enzian, Gentiana clusii

Kreuz-Enzian, Gentiana cruciata

Tauern-Enzian, Gentiana frigida

Karawanken-Enzian, Gentiana froelichii

Echter Gelb-Enzian, G. lutea ssp. lutea

Vardjan-Gelb-Enzian, G. lutea ssp. vardjanii

Schnee-Enzian, Gentiana nivalis

Rundblatt-Enzian, Gentiana orbicularis

Ostalpen-Enzian, Gentiana pannonica

Lungen-Enzian, G. pneumonanthe

Liegend-Enzian, Gentiana prostrata

Niedrig-Enzian, Gentiana pumila

Tüpfel-Enzian, Gentiana punctata

Purpur-Enzian, Gentiana purpurea

Triglav-Enzian, Gentiana terglouensis

Blasen-Enzian, Gentiana utriculosa

Frühlings-Enzian, Gentiana verna

×Turnowsky-Händelröschen am Hochobir

×Turnowsky-Händelröschen

×Gymnigritella turnowskyi

Welch ungewohnter Name, wird sich so mancher denken, und tatsächlich, ein Händelröschen gibt es eigentlich gar nicht. Aber nachdem jede bisher vorgestellte Orchideensippe eine deutsche Benennung bekam, soll auch hier keine Ausnahme gemacht werden. *×Gymnigritella turnowskyi* ist eine Gattungshybride mit den Eltern Mücken-Händelwurz, *Gymnadenia conopsea,* und Steineralpen-Kohlröschen, *Nigritella lithopolitanica.* Das „×" vor dem botanischen Gattungsnamen zeigt an, dass es sich um eine Gattungshybride, also um eine Kreuzung aus zwei verschiedenen Pflanzengattungen, handelt. Benannt ist sie zu Ehren des Kärntner Lehrers Dr. Fritz Turnowsky. Dieser war Turnprofessor, Leiter des Botanischen Gartens in Klagenfurt und als Limnologe Spezialist für Hochgebirgsseen. Seine Liebe galt der Jugendarbeit und den Bergen. Für seine Forschertätigkeit erhielt er 1968 den Theodor-Körner-Preis für Wissenschaften und 1972 die Verleihung des Goldenen Verdienstzeichens der Republik Österreich. Auch ein Süßwasserkrebs ist nach ihm benannt. Sein Lieblingszitat stammte aus Ernst Bachmeisters „Erlebnisse der Stille":

„Nirgends offenbart sich die tragische Schönheit des Daseins so ergreifend deutlich und dem Geist gegenwärtig wie in einer sich aus dem Leben frei in den Tod hinüberblühenden Blume."

Leute-Ständelwurz, Epipactis helleborine. subsp. leutei

Am 14. Juni 1990 entdeckte Wolfram Foelsche die Hybride am Hochobir in den Kärntner Karawanken. Die Pflanze erschien hier regelmäßig bis 1998, wo sie ausgegraben wurde. Zur gleichen Zeit konnte aber eine zweite Pflanze gefunden werden und eigene Nachsuchen in den Jahren 2005 bis 2014 erbrachten neue Funde vom Südhang des Hochobirs nahe der „Kalten Quelle". Die Hybride ist aus Kärnten (Hochobir, Petzen) und den slowenischen Steiner Alpen bekannt.

Wandervorschlag

Der Hochobir in den Kärntner Karawanken ist weit über die Grenzen hinaus als Blumenberg bekannt. Dafür sprechen allein die Pflanzen, die nach ihm benannt wurden: Obir-Steinkraut, *Alyssum ovirense*, Obir-Schaumkresse, *Arabidopsis halleri* subsp. *ovirense*, oder Obir-Aschenkraut, *Tephroseris longifolia*, Syn. *Senecio ovirense*. Auch die Leute-Ständelwurz, *Epipactis helleborine* subsp. *leutei*, benannt zu Ehren des Kärntner Botanikers Gerfried Leute, ist von hier erstbeschrieben.

Das Zois-Stiefmütterchen, *Viola calcarata* subsp. *zoysii*, gilt als Neubürger des Obirs.

Beim heute verfallenen Rainer-Schutzhaus, welches 1944 niedergebrannt und später nicht wieder aufgebaut wurde, gab es sogar einen Botanischen Alpengarten, aus dem etwa das Zois-Stiefmütterchen, *Viola calcarata* subsp. *zoysii*, entflohen ist und noch heute hier vorkommt.

Wir unternehmen eine wenig anstrengende Tour und fahren mit dem Auto bis zur Eisenkappler Hütte auf 1.554 m. Es ist eine Mautstraße, deren Schranken sich mit 6 Euro Münzgeld (Stand 2014) öffnen lässt – Münzgeld nicht vergessen.

Das Zois-Stiefmütterchen, Viola calcarata-subsp zoysii, gilt als Neubürger des Obirs

Schon bei der Auffahrt werden wir von Blumen verwöhnt: Purpur-Waldvöglein, *Cephalanthera rubra*, Kleb-Lein, *Linum viscosum*, Kurzblatt-Ständelwurz, *Epipactis distans*, Krain-Kratzdistel, *Cirsium carniolicum*, Kugelständel, *Traunsteinera globosa*, und viele mehr stellen sich ein. Bei der Hütte nehmen wir nicht den markierten Wanderweg über die Seealpe, sondern bleiben auf der sanft ansteigenden unmarkierten Forststraße, die sich hinauf bis fast zur Kalten Quelle windet. In den Wiesen und Wäldern am

Hochobir-Gipfel von der Kalten Quelle aus

Die Wulfen-Primel, Primula wulfeniana, lässt die Hänge des Obirs im Mai rosa erscheinen

Wegesrand blühen Karawanken-Lungenkraut, *Pulmonaria carnica,* Alpen-Hauswurz, *Sempervivum tectorum* subsp. *alpinum,* und die prächtige Krain-Lilie, *Lilium carniolicum.* Mit etwas Glück gesellt sich hier auch schon das eine oder andere ×Turnovsky-Händelröschen dazu.

An der Kalten Quelle gibt's frisches Bergwasser und der Kammweg führt uns mit faszinierendem Ausblick ins Drautal und in die Julischen Alpen leicht ansteigend bis zum verfallenen Rainer-Schutzhaus. Jetzt muss eine längere Blumenpause sein, denn hier blumt es ganz außergewöhnlich. Alpen-Grasnelken, *Armeria alpina,* bedecken zusammen mit Obir-Steinkraut, *Alyssum ovirense,* die Schutthalden der ehemaligen Stollen. Alpen-Lein, *Linum alpinum,* und Wulfen-Primel, *Primula wulfeniana,* tauchen die Wiesen in bunte Farben und das Steineralpen-Kohlröschen, *Nigritella lithopolitanica,* lässt den gesamten Obir nach Vanille duften – schöner kann ein Bergfrühling kaum sein.

Wir gehen ein Stück weiter und kommen rechter Hand zu einem kleinen Kreuz, das einem Bergkameraden gewidmet ist, der hier vor einigen Jahren bei einer Wanderung mit meinem Schwiegervater an Herzversagen verstorben ist. Betroffenheit fährt uns ein, doch dann denken wir, hier in den heimatlichen Bergen zu sterben, bei den geliebten Bergblumen ...

Der Blumenreigen geht bis zum Gipfel weiter. Steinschmückel, *Petrocallis pyrenaica,* Zwerg-Täschelkraut, *Noccaea minima,* Himmelsherold, *Eritrichium nanum,* und viele mehr begleiten unseren Weg.

Besonderheiten des Hochobirs

Kleinblatt-Ständelwurz, Epipactis microphylla

Müller-Ständelwurz, Epipactis muelleri

Violett-Ständelwurz, Epipactis purpurata

Gattungshybride aus Fuchs-Fingerwurz × Mücken-Händelwurz

Gattungshybride aus Fuchs-Fingerwurz × Duft-Händelwurz

Hybride aus Rot-Ständelwurz × Kleinblatt-Ständelwurz

Hybride aus Dreizahn-Keuschständel × Brand-Keuschständel

Hybride aus Steineralpen-Kohlröschen × Rhellicanus-Kohlröschen

Obir-Steinkraut, Alyssum ovirense

Zwerg-Himmelsherold, Eritrichium nanum

Krain-Lilie, Lilium carniolicum

Kleb-Lein, Linum viscosum

Karawanken-Lungenkraut, Pulmonaria carnica

Krusten-Steinbrech, Saxifraga crustata

Orchideen des Obir-Gebiets

Kamm-Hundswurz, Breitblatt-Waldvöglein, Schmalblatt-Waldvöglein, Purpur-Waldvöglein, Zwergständel, Korallenwurz, Frauenschuh, Fuchs-Fingerwurz, Fuchs-Fingerwurz × Mücken-Händelwurz, Fuchs-Fingerwurz × Duft-Händelwurz, Lappland-Fingerwurz, Breitblatt-Fingerwurz, Holunder-Fingerwurz, Hohlzungen-Fingerwurz, Rot-Ständelwurz, Rot-Ständelwurz × Grün-Ständelwurz, Kurzblatt-Ständelwurz, Grün-Ständelwurz, Leute-Ständelwurz (am Kleinobir), Kleinblatt-Ständelwurz, Müller-Ständelwurz, Sumpf-Ständelwurz, Violett-Ständelwurz (am Kleinobir), Widerbart, Netzblatt, Mücken-Händelwurz, Mücken-Händelwurz × Steineralpen-Kohlröschen, Duft-Händelwurz, Honig-Einknolle, Dreizahn-Keuschständel, Dreizahn-Keuschständel × Brand-Keuschständel, Brand-Keuschständel, Vogel-Nestwurz, Groß-Zweiblatt, Steineralpen-Kohlröschen, Steineralpen-Kohlröschen × Rhellicanus-Kohlröschen, Rhellicanus-Kohlröschen (sehr selten), Fliegen-Ragwurz, Prächtiges Manns-Knabenkraut, Weiß-Waldhyazinthe, Grünlich-Waldhyazinthe, Weißzüngel, Kugelständel.

Pflanzenbesonderheiten: Obir-Steinkraut, *Alyssum ovirense*; Zotten-Mannsschild, *Androsace villosa*; Krainer Strauß-Glockenblume, *Campanula thyrsoides* subsp. *carniolica*; Gattungshybriden aus *Dactylorhiza fuchsii* × *Gymnadenia conopsea* und *Gymnadenia conopsea* × *Nigritella lithopolitanica*; Kurzblatt-Ständelwurz, *Epipactis distans*; Burser-Steinbrech, *Saxifraga burseriana*; Zois-Stiefmütterchen, *Viola calcarata* subsp. *zoysii*.

Blumenpracht: Bart-Nelke, *Dianthus barbatus*; Krain-Lilie, *Lilium carniolicum*; Kerners Alpen-Mohn, *Papaver alpinum* subsp. *kerneri*; Alpen-Hauswurz, *Sempervivum tectorum* subsp. *alpinum*.

Beste Orchideenzeit: Anfang Juni – Anfang August; für das ×Turnowsky-Händelröschen Ende Juni – Mitte Juli

Gehzeit: 3,5 Std. (hin und zurück)

Bergauf: 535 m

Anspruch: hoch

Anreise: Von Klagenfurt auf der A2 bis Völkermarkt West, dann die B70 bis vor Völkermarkt, dann rechts auf die B82 bis Bad Eisenkappel. Auf der L131 in Richtung Ebriach-Schaidasattel, nach etwa 2,5 km bei der Beschilderung „Eisenkappler Hütte" rechts abbiegen bis zum Schrankenautomat und weiter die Mautstraße bis zur Eisenkappler Hütte.

Öffentliche Verkehrsanbindung: Mit dem Bus nur bis Bad Eisenkappel, dann mit dem Taxi (z.B. Taxi Smrtnik, Ebriach, Tel. +43/4238-8211).

Weitere Freizeitangebote und botanische Ziele im Gebiet:

- Obir-Tropfsteinhöhlen
- Nordhang des Kleinobir oberhalb vom Raspotnik (Leute-Ständelwurz, *Epipactis helleborine* subsp. *leutei*; Purpur-Ständelwurz, *Epipactis purpurata*; Widerbart, *Epipogium aphyllum*; usw.)
- Turnersee-Moor bei Unternarrach (Moor-Glanzständel, *Liparis loeselii*, Traunsteiner-Fingerwurz, *Dactylorhiza traunsteineri*; usw.)
- Sablatnigwiesen beim Turnersee (Moor-Birke, *Betula pubescens*; Wunder-Segge, *Carex appropinquata*; Lungen-Enzian, *Gentiana pneumonanthe*; Moor-Glanzständel, *Liparis loeselii*; usw.)

Kärnten – Steiner Alpen

Die Rot-Ständelwurz der Vellacher Kotschna

8

Rot-Ständelwurz

Epipactis atrorubens

Wunderhübsch vielseitig ist sie, die Rot-Ständelwurz. Manche Pflanzen blühen zitronengelb, andere orangebraun oder zweifarbig, die meisten aber in der typisch dunkelpurpurnen Farbe. Auch Form und Farbe der Blätter variieren und jeder Laune der Natur gebührt unsere Bewunderung. Dem nicht genug kreuzt sich die Art in den Ostalpen mit sieben anderen Ständelwurz-Arten, was der Form- und Farbenfülle weitere Möglichkeiten öffnet. Oft ist es aber nicht die Farbe, sondern der einmalige Vanilleduft, der zum Entdecken der Orchidee führt.

Rot-Ständelwurz

Wandervorschlag

Kratzdisteltal wäre vielleicht der zutreffendere Name für den Talschluss der Vellach, dessen Landschaft durch Kalke und Dolomite der südalpinen Trias bestimmt ist.

Bedingt durch die hier vorherrschende Temperaturumkehr finden sich am Talgrund großflächige Fichtenwälder, die mit der Höhe in einen wärmeliebenden Buchenwald übergehen. Diese werden von Lärchen und dem nach oben vorgelagerten Latschengürtel abgelöst.

Südlich von Bad Eisenkappel und Vellach zweigt vor dem Seebergsattel eine Straße mit den Wegschildern Pauritschsattel und Vellacher Kotschna ab. Gleich nach der Abzweigung überraschen bereits schöne Kratzdistelbestände und ihre Hybriden. Kalkliebende und kalkfliehende Arten wachsen hier nebeneinander mit den daraus resultierenden Kreuzungen. Das sind zum Teil Kreuzungen, die es nur hier gibt, wie etwa die aus Krain-Kratzdistel und Waldstein-Kratzdistel, denn wo sonst auf der Welt wachsen diese beiden Arten nebeneinander? Am 20. Juni 1993 fand ich sie das erste Mal. Eigentlich war ich wieder einmal auf der Suche nach der Hybride aus Türkenbund-Lilie mit Krain-Lilie, die auf der Offneralm nebeneinander wachsen. Diese wahrscheinlich nicht existierende

Rot-Ständelwurz-Spielformen

Kreuzung habe ich natürlich nicht gefunden, dafür aber die Hybride aus den beiden Kratzdisteln. In keiner Literatur wird solch eine Kreuzung beschrieben und bis heute habe ich nirgendwo davon gelesen. Kratzdistel-Kreuzungen aus roten und gelben Arten sind in der Regel ausgesprochen hübsch. Das kann man von dieser nicht behaupten, obwohl die Elternarten zu den schönsten Disteln der Heimat gehören.

Unten am Vellachbach zweigt eine Straße, welche im Winter gesperrt, im Sommer tagsüber aber befahren werden darf, rechts ab. Beim Holzlagerplatz ist dann aber Schluss mit dem Fahren, auf Schusters Rappen geht es weiter. Besonderheiten wie Krain-Sterndolde, *Astrantia carniolica*, Großblüten-Bergminze, *Clinopodium grandiflorum*, Riesen-Taubnessel, *Lamium orvala*, oder die Hybride aus Krain-Kratzdistel, *Cirsium carniolicum*,

mit Kleb-Kratzdistel, *Cirsium erisithales*, stellen sich ein. Auch die ersten Rot-Ständelwurze blühen im lichten Nadelwald und im gefestigten Kalkschutt der Bäche.

Wir folgen der Forststraße und verlassen sie nach geraumer Zeit linker Hand bei einer beschilderten Weggabelung. Nun wird es steiler, lichter und noch blumenreicher, bis man unverhofft vor einer weißen Kalkfelswand steht. Hier kommen Südostalpen-Endemiten wie Zois-Glockenblume, *Campanula zoysii*, Dolomiten-Nelke, *Dianthus sternbergii*, und Haarstrang-Laserkraut, *Laserpitium peucedanoides*, vor.

Nach der Schneeschmelze blühen die Alpen-Krokusse auf den Wiesen um den Sanntaler Sattel.

Bergunerfahrene und nicht schwindelfreie Personen sollten hier beim ersten Sicherungsseil die Wanderung beenden und die Flora im Talschluss genießen.

Kratzdistel-Hybriden und ihre Eltern in der Vellacher Kotschna (Auswahl)

Kleb-Kratzdistel, Cirsium erisithales

Sumpf-Kratzdistel, Cirsium palustre

Kleb- × Sumpf-Kratzdistel

Krain-Kratzdistel, Cirsium carniolicum

Kleb-Kratzdistel, Cirsium erisithales

Krain- × Kleb-Kratzdistel

Kleb-Kratzdistel, Cirsium erisithales

Waldstein-Kratzdistel, Cirsium waldsteinii

Kleb- × Waldstein-Kratzdistel

Kohl-Kratzdistel, Cirsium oleraceum

Waldstein-Kratzdistel, Cirsium waldsteinii

Kohl- × Waldstein-Kratzdistel

Kerners Alpen-Mohn, Papaver alpinum subsp. kerneri

Nach der Schneeschmelze blühen die Alpen-Krokusse auf den Wiesen um den Sanntaler Sattel

Für die Trittsicheren geht's hinauf zur Offner-Alm auf 1.468 m, mit der kleinen Jagdhütte und reichem Vorkommen an Türkenbund-Lilien, *Lilium martagon*, Krain-Lilien, *Lilium carniolicum*, und Rot-Ständelwurzen, *Epiactis atrorubens*. Steil und blumenreich geht's weiter bis zum Sanntaler Sattel, wo uns Pflanzen begegnen, die es in Österreich nur hier gibt: Steineralpen-Margerite, *Leucanthemum lithopolitanicum*, und Steineralpen-Lauch, *Allium kermesinum*, der erst 2005 neu für Österreich entdeckt wurde.

Entspannt und zufrieden nach so vielen Bergblumenfunden können wir nun umkehren und unten an der Vellach nach weiteren Kratzdistel-Kreuzungen suchen.

Wir haben hier in den Jahren 1990–2014 folgende Kombinationen angetroffen:

Krain- × Kleb-Kratzdistel
(*C. carniolicum* × *C. erisithales*)
Krain- × Kohl-Kratzdistel
(*C. carniolicum* × *C. oleraceum*)
Krain- × Sumpf-Kratzdistel
(*C. carniolicum* × *C. palustre*) nur am 20. Juni 1993 in einem Stück
Krain- × Waldstein-Kratzdistel
(*C. carniolicum* × *C. waldsteinii*)
Kleb- × Kohl-Kratzdistel
(*C. erisithales* × *C. oleraceum*)
Kleb- × Sumpf-Kratzdistel
(*C. erisithales* × *C. palustre*)
Kleb- × Waldstein-Kratzdistel
(*C. erisithales* × *C. waldsteinii*) nur am 28. Juni 2000
Kohl- × Sumpf-Kratzdistel
(*C. oleraceum* × *C. palustre*)
Kohl- × Waldstein-Kratzdistel
(*C. oleraceum* × *C. waldsteinii*)

Besonderheiten der Vellacher Kotschna

Großblüten-Bergminze, Clinopodium grandiflorum

Krain-Sterndolde, Astrantia carniolica

Dolomiten-Nelke, Dianthus sternbergii

Karawanken-Enzian, Gentiana froelichii

Riesen-Taubnessel, Lamium orvala

Blaugrün-Habichtskraut, Hieracium glaucum

Zois-Glockenblume, Campanula zoysii

Krain-Lilie, Lilium carniolicum

Schaftdolde, Hacquetia epipactis

Orchideen der Vellacher Kotschna

Schmalblatt-Waldvöglein, Korallenwurz, Fuchs-Fingerwurz, Lappland-Fingerwurz, Hohlzungen-Fingerwurz, Rot-Ständelwurz, Grün-Ständelwurz, Mücken-Händelwurz, Duft-Händelwurz, Einblatt-Weichständel, Vogel-Nestwurz, Groß-Zweiblatt, Weiß-Waldhyazinthe.

Pflanzenbesonderheiten: Wochein-Gänsekresse, *Arabis vochinensis*; Zois-Glockenblume, *Campanula zoysii*; Kreuzung aus Krain-Kratzdistel mit Waldstein-Kratzdistel; Karawanken-Enzian, *Gentiana froelichii*; Traunfellner-Hahnenfuß, *Ranunculus traunfellneri*; Hohenwart-Steinbrech, *Saxifraga hohenwartii*; Hayek-Leimkraut, *Silene hayekiana*.

Blumenpracht: Schaftdolde, *Hacquetia epipactis*; Riesen-Taubnessel, *Lamium orvala*; Krain-Lilie, *Lilium carniolicum*; Dolomiten-Teufelskralle, *Phyteuma sieberi*; Wulfen-Primel, *Primula wulfeniana*.

Beste Orchideenzeit: Anfang Juni – Ende Juli, für die Rot-Ständelwurz Ende Juni – Ende Juli

Anspruch: gering bis zum Steigeinstieg, hoch bis zum Sanntaler Sattel

Höhenmeter: 170 m bis zum Steigeinstieg, 1.094 m bis zum Sanntaler Sattel

Gehzeit: 2 Std. bis zum Steigeinstieg, 5 Std. bis zum Sanntaler Sattel (jeweils hin und zurück).

Anreise: Von Klagenfurt auf der A2 bis Völkermarkt West, dann die B70 bis vor Völkermarkt, dann rechts auf die B82 bis Bad Vellach. Nach Bad Vellach knapp vor der ersten Kehre links abzweigen in Richtung Paulitschsattel, beim Bach unten dann rechts abbiegen bis zum Schranken. Alternativ von Klagenfurt auf der B91 bis Kirschentheuer, auf der B85 bis Miklauzhof und auf der B82 bis Bad Vellach.

Öffentliche Verkehrsanbindung: Mit dem Bus 5416 vom Busbahnhof Völkermarkt bis Bad Vellach.

Weitere Freizeitangebote und botanische Ziele im Gebiet:

- Schloss Hagenegg in Bad Eisenkappel
- Gösselsdorfer See (Zungen-Hahnenfuß, *Ranunculus lingua*; Rosmarinheide, *Andromeda polifolia*; Strauß-Gilbweiderich, *Lysimachia thyrsiflora*; Glanz-Seerose, *Nymphaea candida*; Zwerg-Igelkolben, *Sparganium natans*; Zierlich-Wasserschlauch, *Utricularia bremii*; usw.)
- Tomarteich (Böhmen-Segge, *Carex bohemica*; Klein-Wasserschlauch, *Utricularia minor*; Mittel-Wasserschlauch, *Utricularia intermedia*; usw.)
- Flachwasserbiotop Neudensteiner Bucht (Glatt-Hornblatt, *Ceratophyllum submersum*; Wunder-Segge, *Carex appropinquata*; Ufer-Reitgras, *Calamagrostis pseudophragmites*; usw.)

Oberösterreich – Totes Gebirge

Die Mücken-Händelwurz in den Urwäldern des Brunnentals

Mücken-Händelwurz

Gymnadenia conopsea

Vom Tiefland bis ins Hochgebirge ist diese Orchidee zu finden, auf Sumpfwiesen genauso wie auf trockenen Magerrasen, von Portugal und Nordskandinavien bis Japan und Südchina. Und genauso vielfältig ihre Standorte sind, so vielgestaltig tritt die Mücken-Händelwurz auch in den Ostalpen auf. Dem nicht genug, bildet sie gerne Kreuzungen, nicht nur mit der Duft-Händelwurz, auch mit den Kohlröschen-Arten, der Höswurz und einigen Fingerwurz-Arten.

Mehrfach wurde versucht, diesen Formenreichtum durch Gliederung in mehrere Arten und Unterarten zu ordnen. Aber die Taxonomie ist lediglich ein Hilfsmittel, um das menschliche Ordnungsbedürfnis zufriedenzustellen. Das, was wir als Art betrachten, ist in Wirklichkeit oft nur ein zeitlich oder geographisch kleiner Ausschnitt, eine lokale Momentaufnahme aus einem sich in Fluss befindlichen Geschehen der Evolution. Dieses Bild einer Art oder einer Artengruppe widerspiegelt den Ist-Zustand einer in steter Wandlung begriffenen, historisch gewordenen biologischen Einheit, wie es der große Orchideenkenner Hans Reinhard ausdrückte. Wie dem auch sei, viel wichtiger ist es auch, sich an der Formenvielfalt und Schönheit der Natur und ihrer heimischen Orchideen zu erfreuen und sich für ihren Schutz einzusetzen.

Mücken-Händelwurz

Wandervorschlag

Wenn eine Wanderung zum großen Teil auf einer Forststraße verläuft, muss man eigentlich davon ausgehen, dass die umliegenden Wälder dementsprechend von der Forstwirtschaft geprägt sind oder, einfacher ausgedrückt, dass es sich dann meist um artenarme Forste

Formenvielfalt der Mücken-Händelwurz

aus mitleidserregenden Fichten handelt. Umso erstaunlicher, dass genau das hier im Brunnental bei Steyrling nicht der Fall ist. Es gibt zwar genügend Forststraßen, trotzdem sind die Wälder hier auffallend ursprünglich, in großen Teilen haben sie sogar Urwald-Charakter. Buchen, Fichten, Tannen, Mehlbeeren, Rotföhren, Lärchen, Eschen und Berg-Ahorn bestimmen das Landschaftsbild. Uralte Bäume, Jungpflanzen und tote, vermodernde Bäume, mit Baumschwämmen besetzt, wechseln einander ab und sind die ideale Voraussetzung für einen artenreichen Orchideenbesatz. Grün-Ständelwurz, Rot-Ständelwurz, Kurzblatt-Ständelwurz, Widerbart, Korallenwurz, Schmalblatt-Waldvöglein, Breitblatt-Waldvöglein und Rot-Waldvöglein stellen sich hier ein, an den lichteren Stellen sind es Frauenschuh, Mücken-Händelwurz, Duft-Händelwurz, Fuchs-Fingerwurz und Sumpf-Ständelwurz.

Oben am Sattel entfernt sich der 430er-Wanderweg links weg hinunter Richtung Heindlboden, wir bleiben aber rechts auf der Forststraße in Richtung Weißenbachtal, bis diese plötzlich im Nichts endet. Und das Nichts ist meistens hübsch und genauso ist es auch hier. Nur mehr ein kleiner, unmarkierter Pfad verläuft entlang des Baches, an dem immer wieder ausgewaschene Becken zum Baden einladen. Die Sonne scheint uns auf den Rücken, im Bach fließt kristallklares Wasser, Orchideen, wohin man sieht, und trotzdem weit und breit kein Mensch. Unfassbar eigentlich, in welch herrlichem Land wir leben dürfen.

Der Pfad wechselt nun die Bachseite und es verwundert, dass ein Seil den Aufstieg auf der anderen Seite erleichtert. Keine Markierung, kein wirklicher Weg, aber ein Sicherungsseil? Der weitere Wegverlauf ist eher abenteuerlich und eine Herausforderung, selbst für Fährtensucher. Hie und da hilft ein Steinmännchen bei der Orientierung und überall begeistert dieser Urwald mit seinen mächtigen Buchen. Bei einem Jagdhochsitz im Stierkar scheint es, als wäre der Weg zu Ende, doch auch hier hilft ein Seil

in den Graben hinab und auf der anderen Seite wieder steil bergauf und plötzlich stehen wir vor einem beeindruckenden Wasserfall. Schnurgerade fällt das Wasser in das kleine, kristallgrüne Wasserbecken. Uns erinnert der Wasserfall an den Savic-Fall in der Wochein, zudem täglich Hunderte von Menschen pilgern. Hier im Stierkar gibt es dasselbe Naturwunder, aber kaum ein Mensch kennt es.

Gattungshybriden mit der Mücken-Händelwurz

× Blut-Fingerwurz, G.conopsea × Dactylorhiza cruenta

× Fuchs-Fingerwurz, × Dactylodenia gracilis

× Fleisch-Fingerwurz, × Dactylodenia vollmannii

× Breitblatt-Fingerwurz, × Dactylodenia lebrunii

× Zweifarben-Kohlröschen, × Gymnigritella hubertii

× Steineralpen-Kohlröschen, × Gymnigritella turnowskyi

× Rhellicanus-Kohlröschen, × Gymnigritella suaveolens

× Rot-Kohlröschen, × Gymnigritella godferyana

× Weißzüngel, × Pseudadenia schweinfurthii

Orchideen des Brunnental-Gebiets

Kamm-Hundswurz, Breitblatt-Waldvöglein, Schmalblatt-Waldvöglein, Purpur-Waldvöglein, Korallenwurz, Frauenschuh, Fuchs-Fingerwurz, Breitblatt-Fingerwurz, Rot-Ständelwurz, Kurzblatt-Ständelwurz, Grün-Ständelwurz, Sumpf-Ständelwurz, Widerbart, Mücken-Händelwurz, Duft-Händelwurz, Einblatt-Weichkraut, Vogel-Nestwurz, Groß-Zweiblatt, Fliegen-Ragwurz, Prächtiges Manns-Knabenkraut, Weiß-Waldhyazinthe, Weißzüngel, Kugelständel.

Pflanzenbesonderheiten: Flaum-Steinröslein, *Daphne cneorum*; Fliegen-Ragwurz, *Ophrys insectifera*; Kerner-Lungenkraut, *Pulmonaria kerneri*; Österreich-Soldanelle, *Soldanella austriaca*.

Blumenpracht: Kiel-Lauch, *Allium carinatum*; Rispen-Graslilie, *Anthericum ramosum*; Schwarzviolett-Akelei, *Aquilegia atrata*; Rasen-Glockenblume, *Campanula cespitosa*; Echt-Fransenenzian, *Gentianopsis ciliata*; Immenblatt, *Melittis melissophyllum*; Stern-Narzisse, *Narcissus radiiflorus*; Zwergalpenrose, *Rhodothamnus chamaecistus*; Kugelständel, *Traunsteinera globosa*.

Beste Orchideenzeit: Mitte Juni – Anfang August, so auch für die Mücken-Händelwurz

Anspruch: hoch; teilweise keine Wegmarkierung, daher abenteuerlich!

Bergauf: 354 m

Gehzeit: 3 Std. (bis zum Wasserfall, hin und zurück)

Anreise: Von Linz auf der A1 und der A9 bis zur Abfahrt Klaus, dann die Pyhrnpass-Straße B138 bis Preisegg, die L1319 rechts hinein nach Steyrling, dann ins Brunnental bis zum Fahrverbot.

Öffentliche Verkehrsanbindung: Mit der Bahn von Linz Hbf. bzw. Selzthal bis Steyrling oder mit der Buslinie 430 von Kirchdorf bis Steyrling.

Barrierefreiheit für Kinderwägen/Rollstühle: auf der Forststraße gegeben, von wo aus mehrere Orchideen, so auch die Mücken-Händelwurz, zu entdecken sind.

Weitere Freizeitangebote und botanische Ziele im Gebiet:

- Atelier Galerie Steyrling
- Bergkirche Klaus
- Alpineum in Hinterstoder
- Kulturschmiede Micheldorf mit Sensenmuseum
- Burg Alpernstein bei Micheldorf
- Stift Schlierbach nördlich von Kirchdorf
- Rinnerbergerklamm östlich von Kirchdorf
- Planwiesen zwischen Micheldorf und Molln (Kamm-Hundswurz, *Anacamptis pyramidalis*; Sumpf-Siegwurz, *Gladiolus palustris*; Fliegen-Ragwurz, *Ophrys insectifera*; usw.)

Steiermark – Schladminger Tauern

Breitblatt-Fingerwurz auf der Ursprungalm

10

Breitblatt-Fingerwurz

Dactylorhiza majalis

Es war in der Volksschulzeit, als unsere Lehrerin ihrem Sohn, meinem besten Freund und mir erzählte, sie habe am Neulengbacher Buchberg eine Orchidee gefunden. Das löste bei uns Kindern nur Gelächter aus. Wir erklärten ihr, dass sie schon in den Dschungel müsse, wenn sie wilde Orchideen sehen möchte. Verärgert packte sie uns Halbstarke in ihren alten kakifarbenen Skoda und fuhr mit uns hinauf zum Buchbergmoor, wo sie vor einer prächtigen Blume stehenblieb. Wir knieten uns zu diesem anmutigen Wesen und waren begeistert. Eine Orchidee, hier bei uns in der Heimat. Eine lebenslange Blumenliebe begann.

Die Breitblatt-Fingerwurz ist in den Ostalpen eine formenreiche Art. Sie tritt hier neben der Nominatform in einer Gebirgs-Unterart *alpestris* und in mehreren Spielarten und Hybriden auf. Trotzdem stellt auch sie nur ein Kreuzungsprodukt dar, das irgendwann aus den Ausgangsarten (*D. fuchsii, D. incarnata, D. maculata*) entstanden ist. Die Mischung der verschiedenen Gene schafft neue Kombinationen, die sich unter regionalem Evolutionsdruck optimal den bestehenden Bedingungen anpassen können. Als Bewohner von feuchten Standorten, die besonders leicht mit sich ändernden Bedingungen wie Erdrutschen oder geänderten Grundwasserspiegel zu kämpfen haben, hat die Gattung die Fähigkeit entwickelt, sich diesen wechselnden Bedingungen rasch anzupassen und damit einhergehend auch ihr Äußeres zu ändern.

Breitblatt-Fingerwurz

Früher war die Breitblatt-Fingerwurz in den Ostalpen allgegenwärtig. Durch das Trockenlegen von Sümpfen, Überweiden von Almen und Ähnlichem mehr sind solche Prachtbestände wie hier auf der Ursprungalm selten geworden.

Wandervorschlag

Es ist eine der bekanntesten und schönsten Almen der Ostalpen, die „Heidi-Alm" auf 1.605 m in den Schladminger Tauern. Heidi-Alm deswegen, weil hier 1986 der gleichnamige Film gedreht wurde und die kleine Siedlung damals als Heidi-Dörfli fungierte. Ursprungalm deshalb, weil hier der Preuneggbach entspringt.

Es soll eine ganz leichte Tour, eher ein Spaziergang werden. Die Alm liegt in einem Kessel eingebettet, ist nahezu eben und botanisch reichhaltig. Es ist ein Platz zum Genießen, ein Platz, um die Seele baumeln zu lassen. Umgeben von den mondänen Gipfeln der Tauern und von prachtvollen Blühern der Ostalpen. Blumenfreund, was willst du mehr.

Schon die Anreise ist abenteuerlich. An der Mautstelle haben wir die 7,20 Euro für zwei Personen gerichtet, aber niemand saß im Hütterl. Nur ein Hinweis, die Maut wird an der Straße kassiert. Also fahren wir weiter und tatsächlich, nach wenigen Kilometern kommt ein schwarzer Geländewagen mit einer freundlichen Dame am Steuer und der Straßenerhaltungsobulus wird mitten im Wald von Autoscheibe zu Autoscheibe entrichtet. Wir sind uns wie bei einer Geldwäscheaktion oder einer anderer illegalen Transaktion vorgekommen – ein untrügliches Zeichen, dass wir zu viel fernsehen.

Oben auf der Alm angekommen, steht ein großflächiger Parkplatz zur Verfügung und ein paar Schritte weiter beginnt der liebevoll angelegte Rundwanderweg um die Alm. Er ist kinderwagengerecht, führt über kleine Bäche und vorbei an einem Teich mit kristallklarem Wasser. Schon vom Almdorf aus leuchtet uns ein Sumpf entgegen mit vielen purpurnen Kerzen, dahinter ein Farbstrich aus strahlendweißen Blüten. Es sind die Breitblatt-Fingerwurz, *Dactylorhiza majalis,* und der Eisenhut-Hahnenfuß, *Ranunculus aconitifolius*, ein schönes Paar.

Informationstafeln am Rundwanderweg berichten über die Knappengeschichte, Geologie und Biologie des Ge-

Formenvielfalt der Breitblatt-Fingerwurz

bietes. Auf der Alm fällt das Vorkommen von kalkliebenden Arten wie Österreich-Glockenblume, *Campanula pulla*, Dreilappen-Weißzüngel, *Pseudorchis albida* subsp. *tricuspis*, und Duft-Händelwurz, *Gymnadenia odoratissima*, in naher Nachbarschaft zu kalkfliehenden Arten wie Felsenleimkraut, *Atocion rupestre*, und Zwerg-Primel, *Primula minima*, auf. Eine Eigenheit, die besonders häufig in den westlichen Schladminger Tauern auftritt und für den Artenreichtum dieses Gebietes ausschlaggebend ist. Erst 2011 wurde hier der Einfach-Rautenfarn, *Botrychium simplex*, eine ganz seltene Farnart, entdeckt.

Es sind Kleinigkeiten, die beeindrucken. So dürfen hier die Kühe bis direkt zu den Hütten weiden. Dabei machen sie einen ausgesprochen entspannten Eindruck, und obwohl die Alm ein Touristenanziehungspunkt ist, hat sie, ein kleines Wortspiel sei erlaubt, ihre Ursprünglichkeit und Lieblichkeit behalten.

Unter anderem im Gebiet zu finden

Türkenbund-Lilie,
Lilium martagon

Alpen-Vergissmeinnicht,
Myosotis alpestris

Sumpf-Herzblatt,
Parnassia palustris

Zwergalpenrose,
Rhodothamnus chamaecistus

Alpen-Ampfer (Austrieb),
Rumex alpestris

Steiermark-Hauswurz,
Sempervivum stiriacum

Bach-Steinbrech,
Saxifraga aizoides

Bach-Aschenkraut,
Tephroseris crispa

Gamander-Ehrenpreis,
Veronica chamaedrys

Orchideen der Ursprungalm

Zwergständel, Fuchs-Fingerwurz, Breitblatt-Fingerwurz, Hohlzungen-Fingerwurz, Rot-Ständelwurz, Mücken-Händelwurz, Duft-Händelwurz, Dreilappen-Weißzüngel.

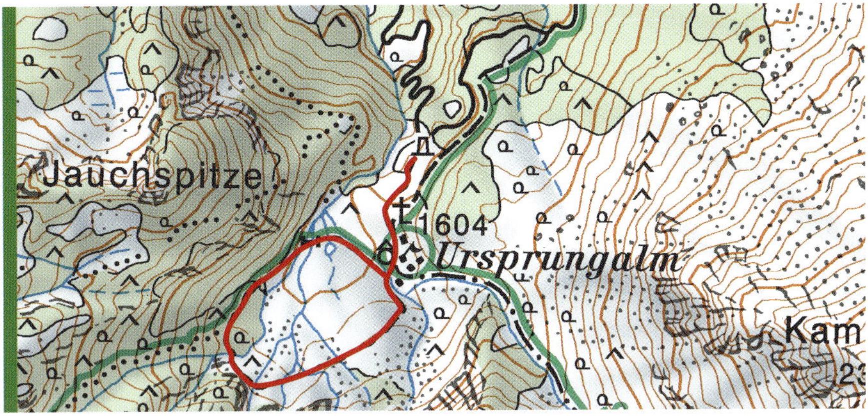

Pflanzenbesonderheiten: Einfach-Rautenfarn, *Botrychium simplex*; Zwergalmrausch, *Rhodothamnus chamaecistus*.

Blumenpracht: Österreich-Glockenblume, *Campanula pulla*; Kahles Sonnenröschen, *Helianthemum nummularium* subsp. *glabrum*; Endivien-Habichtskraut, *Hieracium intybaceum*; Steiermark-Hauswurz, *Sempervivum stiriacum*; Alpen-Soldanelle, *Soldanella alpina*.

Beste Orchideenzeit: Ende Juni – Ende Juli, für die Breitblatt-Fingerwurz Ende Juni – Mitte Juli

Anspruch: gering

Bergauf: 27 m

Gehzeit: 3/4 Std. (Länge der Runde 1,8 km)

Barrierefreiheit für geländegängige Rollstühle/Kinderwägen: Gegeben

Anreise: Von Liezen oder Radstadt auf der B320 bis Pichl, nach Süden abzweigen, durch Preunegg, vorbei am Strickhof und dann die Mautstraße (3,60 Euro je Person, Stand 2014) bis zur Ursprungalm.

Öffentliche Verkehrsanbindung: Mit Bus oder Zug von Schladming Lendplatz bzw. Radstadt Bahnhof bis Pichl. Dann mit dem Taxi (z. B. Taxi Maxi +43/3687-222220, Taxi Kerschbaumer +43/3687-22113) oder dem Wanderbus.

Weitere Freizeitangebote und botanische Ziele im Gebiet:

- Badesee Pichl
- Sattental im Schladminger Untertal (Aufrecht-Lauch, *Allium strictum*; Slowakei-Schöterich, *Erysimum hungaricum*; usw.)
- Tettermoor im Schladminger Untertal (Hammarby-Weichständel, *Malaxis paludosus*, Hybrid-Sonnentau, *Drosera ×obovata*; usw.)

Erzherzog-Johann-Kohlröschen am Traweng

Erzherzog-Johann-Kohlröschen

Nigritella archiducis-joannis

Keine einzige Blütenpflanze war regelgültig zu Ehren des Erzherzogs Johann von Österreich (1782–1859) benannt, bis Prof. Herwig Teppner 1985 eine kleine heimische Orchidee ihm zu Ehren beschrieb. Das visionäre Denken des Erzherzogs war Anlass für Teppner, die Pflanze so zu benennen, wie er einmal im Grazer Botanischen Garten erzählte.

In seiner steirischen Wahlheimat genießt Erzherzog Johann auch heute noch großes Ansehen. Er war das dreizehnte Kind von Großherzog Leopold von Toskana, dem späteren Kaiser Leopold II. Seine Volksverbundenheit, das Tragen der Tracht und die Heirat mit einer Bürgerlichen, der Postmeisterstochter Anna Plochl, brachten ihm im Volk viel Sympathie ein.

Grundlegende Neuerungen sind Erzherzog Johann zu verdanken. So setzte er die Trassierung der Südbahn von Wien nach Triest über den Semmering durch, er war erster frei gewählter Bürgermeister (1850 von Stainz in der Steiermark) und er legte den Grundstein für das Landesmuseum Joanneum in Graz.

Locus classicus, also Erstbeschreibungsgebiet des Erzherzog-Johann-Kohlröschens, ist unser heutiges Wanderziel, der Traweng, wo Hilde und Erwin Hofmann am 25. Juli 1982 erstmals fündig wurden.

Erzherzog-Johann-Kohlröschen

Wandervorschlag

Wir begeben uns auf die Spuren der Hofmanns, die so viel zur Erforschung der heimischen Pflanzenwelt beigetragen haben und fahren von Bad Mitterndorf die Mautstraße hinauf zur Tauplitzalm. Auf vielerlei Wegen geht´s nun leicht bergauf und bergab, am Tauplitzsee vorbei bis zur Marburger Hütte. Dabei begegnet uns ein wahrer Blütenreigen: Ostalpen-Nelke, *Dianthus alpinus*, Österreich-Wolfsmilch, *Euphorbia austriaca*, Ennstal-Frauenmantel, *Alchemilla anisiaca*, und Österreich-Bärenklau, *Heracleum austriacum*, um nur einige zu nennen.

Österreich-Bärenklau, Heracleum austriacum

Ostalpen-Nelke, Dianthus alpinus

Nacktstängel-Kugelblume, Globularia nudicaulis

Vor der Marburger Hütte biegen wir links ab, hinauf zum Traweng, auf 1.981 m. Bereits hier am Bergfuß blühen vereinzelt rote Kohlröschen, die hier unten später sind als oben. Wir erklären uns das damit, dass hier im Schatten der Schnee oft bis Ende Mai liegenbleibt.

Der kurze Weg zum Gipfel fängt steil an und wird dann steiler. Nach einem ungemütlichen, durch den Kalkschutt rutschigen Wegstück folgen rechterhand Polsterseggenrasen, bestückt mit Kohlröschen, die uns bis hinauf zum Gipfelkreuz nicht mehr verlassen.

Hier oben am Traweng ist, was die Artenzahl betrifft, der kohlröschenreichste Ort der Welt, sechs Arten finden sich hier nebeneinander: Rot-Kohlröschen, *N. rubra*, Zweifarben-Kohlröschen, *N. bicolor*, Österreich-Kohlröschen, *N. austriaca*, Widder-Kohlröschen, *N. widderi*, Rhellicanus-Kohlröschen, *N. rhellicani*, und Erzherzog-Johann-Kohlröschen, *N. archiducis-joannis*, vielleicht auch das Pordoi-Kohlröschen, *N. hygrophila*. Neben diesen Kleinoden der Berge genießen wir hier oben eine einmalig schöne Aussicht. Unten leuchtet der Steirersee mit seinem

Panoramablick vom Gipfel des Traweng

Österreich-Wolfsmilch, Euphorbia austriaca

Gold-Pippau, Crepis aurea

Wimper-Alpenrose, Rhododendron hirsutum

türkisblauen Wasser und im Norden und Osten türmen sich die mächtigen Kalkstöcke des Toten Gebirges auf. Es ist fast zu schön, um wirklich zu sein – aber fürwahr, es ist wirklich!

Zurück können wir den kleinen Gipfelrundweg nehmen, der ein kurzes Stück den Grat entlang mit Aussicht ins Langkar führt und uns dann wieder nach Süden zum Steilstück bringt – dieses bleibt uns auch beim Runtergehen nicht erspart.

Unten auf der Tauplitzalm lädt die Grazer Hütte zu einer gemütlichen Einkehr ein. Die Hütte des Akademischen Turnvereins Graz ist fest in der Geschichte der Tauplitzalm verankert. Von 1933 bis 1934 wurde sie vom Freund des Dalai Lama, Heinrich Harrer, geleitet und Harrer war es auch, der hier im Toten Gebirge einige Felswände und Gipfel erstbestieg.

Kohlröschen-Arten der Ostalpen, gereiht nach dem Jahr ihrer Beschreibung

Rot-Kohlröschen, Nigritella rubra

Steiermark-Kohlröschen, Nigritella stiriaca

Steineralpen-Kohlröschen, Nigritella lithopolitanica

Erzherzog-Johann-Kohlröschen, Nigritella archiducis-joannis

Widder-Kohlröschen, Nigritella widderi

Rhellicanus-Kohlröschen, Nigritella rhellicani

Österreich-Kohlröschen, Nigritella austriaca

Buschmann-Kohlröschen, Nigritella buschmanniae

Dolomiten-Kohlröschen, Nigritella dolomitensis

Zwerg-Kohlröchen, Nigritella minor

Zweifarben-Kohlröschen, N. bicolor

Pordoi-Kohlröschen, N. hygrophila

Orchideen des Traweng und seines Südfußes

Fuchs-Fingerwurz, Kälteliebende Fuchs-Fingerwurz, Hohlzungen-Fingerwurz, Rot-Ständelwurz, Mücken-Händelwurz, Duft-Händelwurz, Groß-Zweiblatt, Erzherzog-Johann-Kohlröschen, Österreich-Kohlröschen, Zweifarben-Kohlröschen, Rhellicanus-Kohlröschen, Rot-Kohlröschen, Widder-Kohlröschen, Fliegen-Ragwurz, Weiß-Waldhyazinthe, Grünlich-Waldhyazinthe, Weißzüngel.

Pflanzenbesonderheiten: Hasenohr-Habichtskraut, *Hieracium bupleuroides*; Erzherzog-Johann-Kohlröschen, *Nigritella archiducis-joannis*; Widder-Kohlröschen, *Nigritella widderi*; Ostalpen-Baldrian, *Valeriana elongata*.

Blumenpracht: Österreich-Glockenblume, *Campanula pulla*; Ostalpen-Nelke, *Dianthus alpinus*; Bärwurz, *Meum athamanticum*; Ostalpen-Fingerkraut, *Potentilla clusiana*; Zwergalpenrose, *Rhodothamnus chamaecistus*.

Beste Orchideenzeit: Ende Juni – Ende Juli, ebenso für das Erzherzog-Johann-Kohlröschen

Anspruch: hoch

Bergauf: 397 m

Gehzeit: 3,5 Stunden (vom Hollhaus bis zum Gipfel und zurück)

Anreise: Von Linz auf der A1 bis zum Knoten Voralpenkreuz, dann die A9 bis Liezen, die B320 bis Trautenfels, die B145 bis Bad Mitterndorf. Dann die Mautstraße hinauf bis zum großen Parkplatz beim Hollhaus. Mautgebühr für Autos bis 5 Personen 9,80 Euro, für Motorräder 5,00 Euro (Stand 2014).

Öffentliche Verkehrsanbindung: Mit dem Zug oder der Buslinie 950 von Attnang-Puchheim bis Tauplitz, dann mit dem Sessellift auf die Tauplitzalm.

Barrierefreiheit für geländegängige Rollstühle/Kinderwägen: Auf der Tauplitzalm gegeben. Schon hier unten können viele prächtige Alpenblumen bewundert werden.

Weitere Freizeitangebote und botanische Ziele im Gebiet:

- Barfußpark Bad Mitterndorf
- Bootsverleih Salza-Stausee
- Grimming-Therme in Bad Mitterndorf
- Bauern- und Holzknechtmuseum Obersdorf (westlich von Bad Mitterndorf)
- Alpengarten in Altaussee
- Spechtensee (Woll-Königskerze, *Verbascum alpinum*; Hybrid-Sonnentau, *Drosera ×obovata*; Langblatt-Sonnentau, *Drosera anglica*; usw.)

Das Herz-Zweiblatt am Grimming

Herz-Zweiblatt

Neottia cordata

Die meisten Orchideen lieben Wärme und nicht ohne Grund beheimaten die Tropen und Subtropen die größte Zahl an Orchideenarten. Aber auch in dieser Familie gibt es Ausnahmen, denen es gar nicht kalt genug sein kann. Eine solche Ausnahme ist das heimische Herz-Zweiblatt. Es zeigt eine besondere Vorliebe für Standorte mit kühlem Mikroklima und erhöhter Luftfeuchtigkeit. So wächst es gerne in Blockwäldern in der Nähe von Kluftausgängen. Selbst tundrenartigen Dauerfrostböden ist dieser Winzling nicht abgeneigt. Und solche frostigen Standorte mögen auch ein paar andere Pflanzen wie Moose, Wald-Sauerklee, *Oxalis acetosella*, und Heidelbeere, *Vaccinium myrtillus*, welche auch durchwegs zusammen mit der Orchidee wachsen und eine Hilfestellung beim Zweiblatt-Suchen geben.

Blatt des Herz-Zweiblatts

Wandervorschlag

In allen naturreligiösen Überlieferungen der ganzen Welt spielen heilige Berge eine zentrale Rolle. Sie sind Sitz von Göttern und Gegenstand besonderer Verehrung. In den Ostalpen scheint einst der Grimming eine solch zentrale Rolle gespielt zu haben, denn es gibt mindestens 29 Sagen, in denen der Berg oder seine unmittelbare Umgebung eine Rolle spielen. So sollen in seinem Inneren Schätze schlummern, die von Zwergen gehütet werden, und am Berg selbst soll es zahlreiche Sagenwesen geben, wie etwa das kleine bärtige Grimming-Männlein. Der Name Grimming ist eine bajuwarisierte Form des auch heute noch im Volksmund gebräuchlichen Ausdrucks „Grimma“. Woher allerdings dieser Name kommt, ist ungewiss, jedenfalls hat er nichts mit dem Grimm, also dem Zorn, zu tun.

Der wahrscheinlich schönste und „einfachste“ Aufstieg zum Gipfel beginnt in Klachau-Kulm und folgt dem 683er-

Wanderweg bis zum Gipfel. Nach und nach lichtet sich der Wald und bei etwa 1.500 m Seehöhe erblicken wir unterhalb vom Farbkogel die erste botanische Besonderheit: Die Eisenhut-Sommerwurz, *Orobanche lycoctoni*, hat hier am Grimming ihren bisher nördlichsten Fundort. Sie schmarotzt ausschließlich auf Wolfs-Eisenhut, *Aconitum lycoctonum*, und ist allein daran schon leicht bestimmbar. Etwas später, versteckt unter Fichten, zeigt sich das erste Herz-Zweiblatt.

Nun gilt es eine kleine Kletterei zu genießen. Der Absatz ist größtenteils drahtseilversichert, die Ausblicke sind atemberaubend. Das Tragen eines Helms ist aufgrund der Steinschlaggefahr von Vorteil.

Weiter oben passieren wir das Resch-Marterl, welches von einer traurigen Bergbegebenheit erzählt:

Am 19. Juni 1948 verstieg sich der Linzer Eduard Kargl beim Abstieg vom Gipfel und musste in den Latschen übernachten. Regen und Schneefall setzten ein und seine Hilferufe schallten am Morgen des 20. Juni ins Tal. Der Bahnarbeiter Otto Peer, sein Freund Hans Moser, der Bergmann Toni Adam, Peter Zehner und andere Bergkameraden bildeten Gruppen, um auf den wolkenverhangenen, grimmigen Berg aufzusteigen. Doch Regen und Schneesturm ließen den Rettungsversuch scheitern.

Nun alarmierte man die besten Bergsteiger aus dem Ausseerland: Karl Resch, Franz Maier, Ernst Köberl und Albin Schranz. Zwar lag der Grimming nicht in ihrem Einsatzbereich der Bergrettung, doch die Gebirgsjäger des Zweiten Weltkrieges zögerten keine Sekunde. Trotz Schneesturms und Eisregens stiegen sie auf, aber das Wetter war ungewöhnlich unbarmherzig. Franz Maier starb am Abend im Gipfelbereich an Erschöpfung. Drei Stunden später musste auch Karl Resch sein Leben lassen, er starb 80 Me-

Unter anderem am Grimming zu finden

Echt-Hundszunge, Cynoglossum officinale

Zotten-Habichtskraut, Hieracium villosum

Alpen-Leinkraut, Linaria alpina

Rätisch-Kranzenzian, Gentianella rhaetica

Ostalpen-Baldrian, Valeriana elongata

Eisenhut-Sommerwurz, Orobanche lycoctonii

Einbeere, Paris quadrifolia

Rundblatt-Täschelkraut, Noccaea rotundifolia

Hügel-Klee, Trifolium alpeste

ter unter dem Seilabstieg nach einem 30-Meter-Absturz ebenfalls an Erschöpfung. Ernst Köberl konnte mit seinen letzten Kraftreserven den völlig erschöpften Albin Schranz vom Berg bringen.

Eduard Kargl war zu dieser Zeit bereits im Zug nach Linz. Er wurde vom Bergrettungsmann Sepp Geier geborgen. Das Sammelsignal „Mann gerettet, kommt zurück" konnten die Männer im sturmumtobten Fels des Grimmings nicht mehr hören.

Am 21. Juni brachten 16 Mitglieder des Bergrettungsdienstes aus dem Ausseerland und dem Hinterbergertal mit gesenkten Köpfen die beiden Toten ins Tal, und am 23. Juni nahmen fast 3.000 Menschen Abschied von Karl Resch und Franz Maier.

Diese Tragödie war Anlass, dass der Alpenverein im September 1949 ein Notbiwak im Gipfelbereich aufstellte: das Dr. Obersteiner-Toni-Adam-Biwak. Benannt zu Ehren von Ludwig Obersteiner (1903–1946), einem exzellenten Bergsteiger aus Graz, langjährigem Obmann des Turner-Bergsteiger-Vereins Graz, Mitglied des Hauptausschusses des Deutschen und Österreichischen Alpenvereins und Träger des Ehrenzeichens für Rettungen aus Bergnot.

Viel andächtiger werden sie jetzt bewundert, die prächtigen Blumen am Grimminggipfel und unterbewusst ist die Freude groß, noch hier zu sein auf Gottes Erden, um diese Pracht bestaunen zu dürfen.

Eine einfachere Möglichkeit, das Herz-Zweiblatt zu finden, ist der Patscherkofel bei Igls nahe Innsbruck. Dazu fährt man mit der Patscherkofel-Kabinenbahn bis zur Bergstation und nimmt den Fußweg zurück zur Talstation. In den lichten Zirben-Lärchen-Fichtenwäldern um die Lanser-Köpf-Alm ist das Herz-Zweiblatt nicht selten.

Orchideen des Grimmings

Zwergständel, Chamorchis alpina

Breitblatt-Waldvöglein, Cephalanthera damasonium

Schmalblatt-Waldvöglein, Cephalanthera longifolia

Purpur-Waldvöglein, Cephalanthera rubra

Korallenwurz, Corallorhiza trifida

Fuchs-Fingerwurz, Dactylorhiza fuchsii

Hohlzungen-Fingerwurz, Dactylorhiza viridis

Rot-Ständelwurz, Epipactis atrorubens

Grün-Ständelwurz, Epipactis helleborine

Sumpf-Ständelwurz, Epipactis palustris

Mücken-Händelwurz, Gymnadenia conopsea

Duft-Händelwurz, Gymnadenia odoratissima

Honig-Einknolle, Herminium monorchis

Einblatt-Weichständel, Malaxis monophyllos

Herz-Zweiblatt, Neottia cordata

Vogel-Nestwurz, Neottia nidus-avis

Groß-Zweiblatt, Neottia ovata

Weiß-Waldhyazinthe, Platanthera bifolia

Pflanzenbesonderheiten: Hasenohr-Habichtskraut, *Hieracium bupleuroides*; Hybride aus Wimper × Moos-Nabelmiere, *Moehringia ciliata* × M. *muscosa*; Herz-Zweiblatt, *Neottia cordata*; Eisenhut-Sommerwurz, *Orobanche lycoctonii*.

Blumenpracht: Ostalpen-Enzian, *Gentiana pannonica*; Alpen-Leinkraut, *Linaria alpina*; Nordost-Alpen-Mohn, *Papaver alpinum* subsp. *alpinum*; Zwergalpenrose, *Rhodothamnus chamaecistus*.

Beste Orchideenzeit: Mitte Juni – Ende Juli, für das Herz-Zweiblatt Ende Juni – Ende Juli

Anspruch: hoch

Bergauf: 1379 m

Gehzeit: 6 Std.

Anreise: Von Linz auf der A1 bis zum Knoten Voralpenkreuz, dann die A9 bis Liezen, die B320 bis Trautenfels, die B145 bis Klachau, dann links abbiegen dem Kulmbachl entlang bis zum Parkplatz.

Öffentliche Verkehrsanbindung: Mit dem Zug oder der Buslinie 950 von Attnang-Puchheim bis Tauplitz, dann zu Fuß oder mit dem Taxi (z. B. Taxi Bechter +43/3623-3144) bis zum Wanderweg 683 nach Klachau-Kulm.

Weitere Freizeitangebote und botanische Ziele im Gebiet:

- Stifts-Kräutergarten Admont
- Riesen-Seilrutsche am Stoderzinken bei Gröbming
- Kupferöfen und Silberschmelze im Walchental südlich von Öblarn
- Kletterpark Gröbming
- Wörschacher Moos zwischen Wörschach und Weißenbach (Moor-Glanzständel, *Liparis loeselii*, Traunsteiner Fingerwurz, *Dactylorhiza traunsteineri*; usw.)
- Schönmoos bei Wörschachberg (Späte Fleisch-Fingerwurz, *Dactylorhiza incarnata* subsp. *serotina*; Honig-Einknolle, *Herminium monorchis*; usw.)
- Putterersee-Westufer (Wanzen-Hundswurz, *Anacamptis coriophora*, Strauß-Gilbweiderich, *Lysimachia thyrsiflora*, Groß-Klappertopf, *Rhinanthus serotinus*; usw.)

Die Sumpf-Ständelwurz im Wörschacher Moor

Sumpf-Ständelwurz

Epipactis palustris

Von Weitem sieht diese Blume recht unscheinbar aus, man könnte fast sagen schmutzig-weiß mit einem mehr oder minder ausgeprägten Hauch von Rosa. Bei näherem Hinsehen offenbart die Sumpf-Ständelwurz aber ihre wahre Schönheit. Eine Orchidee, die es an Eleganz mit jeder tropischen Verwandten aufnimmt. Nur wenige knien sich zu dieser Blume hin, um keine nassen Füße zu bekommen. Es zahlt sich aber aus.

52 Arten umfasst die Gattung der Ständelwurze, von denen 41 in Europa, 17 in den Ostalpen und 15 in Österreich beheimatet sind.

Sumpf-Ständelwurz, Epipactis palustris

Wandervorschlag

In den Jahren 1871–1875 wurden die Ennsdurchstiche bei Fischern und Weißenbach als Grundlage für eine landwirtschaftliche Meliorierung der Region um Wörschach ausgeführt. Schließlich erfolgte mit der Gründung der Wörschacher und Weißenbacher Wassergenossenschaften ab 1915 eine umfangreiche Entwässerung des Niedermoor- und Feuchtwiesengürtels rund um das Wörschacher Moor. Wie überall in Österreich bemühten sich Landnutzer auch hier darum, vernässte Flächen mittels Drainagen trocken zu bekommen, um sie landwirtschaftlich ertragreicher zu machen. Durch bereichsweise Abtorfung wurde die Hydrologie des Moores zusätzlich geschädigt.

Dies hat dazu geführt, dass heute nur mehr etwa 4,5 ha des insgesamt 207 ha großen Moorkörpers als lebendig bezeichnet werden können. Der überwiegende Rest der Fläche gilt als degradiert, allerdings als noch wiederherstellbar.

In Anbetracht des Klimawandels und der regen Diskussion zur Reduktion von Treibhausgasen wird gegenwärtig immer öfter die Funktion der Moore als Kohlenstoffspeicher unterstrichen. Das saure

Bodenklima ist verantwortlich, dass abgestorbenes organisches Material nicht abgebaut wird und der darin vorhandene Kohlenstoff gebunden bleibt. Wenn aber der Wasserspiegel sinkt und die Flächen austrocknen, wird der Kohlenstoff rasch in Form von gasförmigem CO_2 abgegeben.

1982 wurde das Wörschacher Moor als Naturschutzgebiet ausgewiesen und seit 2006 ist das 178 Hektar umfassende Gebiet als Europaschutzgebiet deklariert.

Eine Besonderheit des Naturschutzgebietes ist der Moor-Glanzständel, *Liparis loeselii*. Die Orchidee wurde hier erst in den 1950er-Jahren neu für die Steiermark entdeckt. Anfang des Jahrtausends galt sie in Fachkreisen als verschwunden, konnte aber 2014 mit wenigen Pflanzen wiedergefunden werden. Die Drachenwurz, *Calla palustris*, ist hier gar erst 2013 in den Moorwäldern entdeckt worden. Weitere Seltenheiten des Wörschacher Moores sind Traunsteiner-Fingerwurz, *Dactylorhiza traunsteineri*, und ihre Kreuzung mit der Breitblatt-Fingerwurz, *Dactylorhiza ×dufftiana*, Europa-Schneide-

Die Ständelwurz-Arten Österreichs

Rot-Ständelwurz, Epipactis atrorubens

Bugac-Ständelwurz, E. bugacensis

Kurzblatt-Ständelwurz, Epipactis distans

Greuter-Ständelwurz, Epipactis greuteri

Grün-Ständelwurz, Epipactis helleborine

Steinfeld-Ständelwurz, Epipactis lapidocampi

Schmallippen-Ständelwurz, *Epipactis leptochila*

Kleinblatt-Ständelwurz, *Epipactis microphylla*

Müller-Ständelwurz, *Epipactis muelleri*

Norden-Ständelwurz, *Epipactis nordeniorum*

Elbe-Ständelwurz, *E. albensis*

Pontus-Ständelwurz, *Epipactis pontica*

Purpur-Ständelwurz, *Epipactis purpurata*

Vöth-Ständelwurz, *Epipactis voethii*

Sumpf-Ständelwurz, *Epipactis palustris*

Im Wörschacher Moor zu finden

Rosmarinheide, Andromeda polifolia

Langblatt-Sonnentau, Drosera anglica

Fieberklee, Menyanthes trifoliata

Stern-Narzisse, Narcissus radiiflorus

Sumpf-Läusekraut, Pedicularis palustris

Zungen-Hahnenfuß, Ranunculus lingua

ried, *Cladium mariscus*, Duft-Mariengras, *Hierochloe odorata*, Zungen-Hahnenfuß, *Ranunculus lingua*, und Wunder-Segge, *Carex appropinquata*, um nur einige zu nennen.

Sibirien-Schwertlilien, *Iris sibirica*, prägen im Mai und Juni das Bild vieler feuchter Wiesenflächen und Hochstaudenfluren um Wörschach. Traditionell wurden Teile der hochgrasigen Wiesen als einmähdige Streu- und Pferdeheuwiesen genutzt, woher auch die Bezeichnung Rosswiesen, so zwischen Fischern und dem Golfplatz Weißenbach, stammt. Die Mahd erfolgte erst im Spätsommer, wenn die Flächen abgetrocknet waren. Diese extensive und schonende Wiesennutzung förderte die Verbreitung der Sibirischen Schwertlilie und anderer bunt blühender Hochstauden. Und diese hochwüchsigen Stauden und lockeren Seggenbestände bieten wiederum tierischen Raritäten wie dem Wachtelkönig Deckung und Insektennahrung.

Aus naturkundlicher Sicht birgt das Schutzgebiet „Wörschacher Moor und ennsnahe Bereiche“ viele Besonderheiten. Nicht nur botanische, es hat auch große Bedeutung für die Tierwelt. So stellt es einen wichtigen inneralpinen Brutplatz für Wasservögel und Wiesenbrüter wie Wachtelkönig, *Crex crex*, Braunkehlchen, *Saxicola rubetra*, Kleines Sumpfhuhn, *Porzana parva*, und Eisvogel, *Alcedo atthis*, dar. Bemerkenswert ist auch die Anzahl an verschiedenen Durchzüglern, die das Gebiet als Rastplatz nutzen, so etwa Kampfläufer, *Philomachus pugnax*, Fischadler, *Pandion haliaetus*, Doppelschnepfe, *Gallinago media*, Silberreiher, *Casmerodius albus*, und Weißstorch, *Ciconia ciconia*. Weiters finden sich hier mehrere Fledermausarten, Steinkrebse und Schmetterlinge, um nur einige Tiergruppen anzusprechen.

Markierte Wanderwege gibt es im Moorgebiet zwischen Wörschach, Weißenbach und Fischern nicht. Es empfehlen sich aber als Ausgangspunkt einer Erkundung die Rosswiesen nördlich von Fischern, der Tennisplatz Weißenbach oder der Sportplatz Wörschach. Abenteuerlich wird es auf allen Wegen, Gummistiefel sind ratsam.

Schwertlilienwiese

Orchideen des Wörschacher Moores

Breitblatt-Waldvöglein, Korallenwurz, Fuchs-Fingerwurz, Fleisch-Fingerwurz, Fleisch-Fingerwurz × Breitblatt-Fingerwurz, Breitblatt-Fingerwurz, Breitblatt-Fingerwurz × Traunsteiner-Fingerwurz, Traunsteiner-Fingerwurz, Grün-Ständelwurz, Sumpf-Ständelwurz, Mücken-Händelwurz, Moor-Glanzständel, Groß-Zweiblatt, Weiß-Waldhyazinthe.

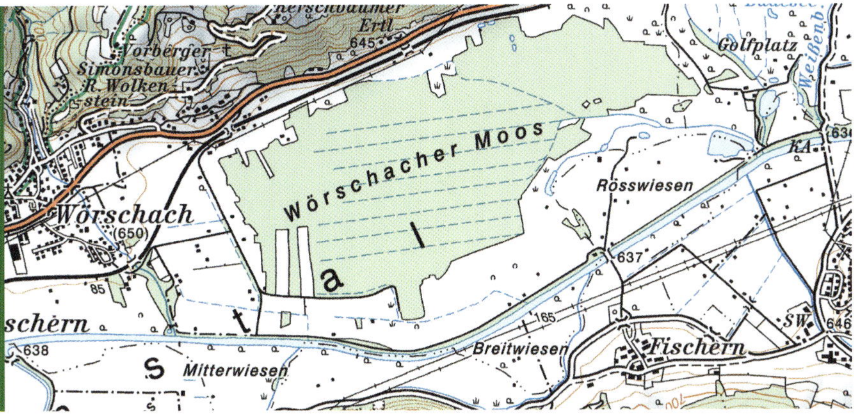

Pflanzenbesonderheiten: Rosmarinheide, *Andromeda polifolia*; Drachenwurz, *Calla palustris*; Wunder-Segge, *Carex appropinquata*; Filz-Segge, *Carex tomentosa*; Duft-Mariengras, *Hierochloe odorata*; Preußen-Laserkraut, *Laserpitium prutenicum*; Strauß-Gilbweiderich, *Lysimachia thyrsiflora*; Sumpf-Haarstrang, *Peucedanum palustre*; Zungen-Hahnenfuß, *Ranunculus lingua*; Sumpffarn, *Thelypteris palustris*.

Blumenpracht: Sibirien-Schwertlilie, *Iris sibirica*; Stern-Narzisse, *Narcissus radiiflorus*; Sumpf-Läusekraut, *Pedicularis palustris*; Mehl-Primel, *Primula farinosa*.

Beste Orchideenzeit: Anfang Juni – Mitte Juli, für die Sumpf-Ständelwurz Ende Juni – Ende Juli

Anspruch: mittel

Bergauf: 3 m

Gehzeit: je nach Intensität und Laune

Anreise: Von Linz oder Graz auf der A9 bis zum Knoten Selzthal, die B320 bis Liezen, dann die L740 bis Döllach, knapp nach Döllach rechts weg nach Fischern, dort rechts hinein bis zur Enns, dort parken.

Öffentliche Verkehrsanbindung: Mit der Bahn bis Wörschach, dann den Wanderweg zur Enns nehmen, dieser linksseitig flussabwärts folgen bis zum Sportplatz, wo bereits das Naturschutzgebiet beginnt. Schon beim Hinweg können interessante Pflanzen wie die Glanz-Wiesenraute, *Thalictrum lucidum*, gefunden werden.

Weitere Freizeitangebote und botanische Ziele im Gebiet:

- Wörschachklamm
- Burgruine Wolkenstein
- Abenteuerpark Gröbming (Klettergarten)
- Riesenrutsche Stoderzinken
- Schönmoos nordöstlich von Wörschach (Spätblühende Fleisch-Fingerwurz, *Dactylorhiza incarnata* subsp. *serotina*; Honig-Einknolle, *Herminium monorchis*; usw.)
- Putterersee-Westufer (Wanzen-Hundswurz, *Anacamptis coriophora*; Strauß-Gilbweiderich, *Lysimachia thyrsiflora*; Groß-Klappertopf, *Rhinanthus serotinus*; usw.)

Steiermark – Göstlinger Alpen

Das Netzblatt im Holzäpfeltal

Netzblatt

Goodyera repens

Etwa 55 Arten umfasst die zu Ehren des englischen Botanikers John Goodyer (1592–1664) benannte Orchidee, von denen nur diese eine in den Ostalpen beheimatet ist. Durch ihre markanten, namengebenden Blätter lässt sich das Netzblatt leicht von ähnlichen, weiß blühenden Orchideen der Ostalpen unterscheiden. Auch ist ihr Lebensraum ziemlich einheitlich, bestehend aus moosreichen Kiefern- oder Fichtenwäldern. Als flachwurzelnde Moderhumuspflanze ist das Netzblatt konkurrenzschwach und bevorzugt daher Moospolster, die über einer Nadelschicht gedeihen.

Netzblatt

Wandervorschlag

Inmitten der prächtigen Berge der niederösterreichisch-steirischen Kalkalpen liegt ein Wald, dessen Name weithin bekannt ist – der Rothwald. Wie das kleine gallische Dorf, das sich dem riesigen Römischen Reich erfolgreich widersetzte, steht er da, umsäumt von Forsten und Forststraßen, umringt vom Streben nach Ordnung und Kontrollierbarkeit. Der Rothwald ist der größte und schönste Urwaldrest Mitteleuropas! Er ist vor 10.000 Jahren, nach der letzten Eiszeit, entstanden und wurde nie vom Menschen gerodet oder spürbar verändert. Wie aber kam es, dass ausgerechnet hier noch ein Stückchen Urwald überdauern konnte? Und das in unmittelbarer Nähe zur niederösterreichischen Eisenstraße, wo Eisenverarbeitung einen großen Holzbedarf erforderte.

Für sein Überleben war die geographische Lage in einem schwer erreichbaren Kessel günstig. Auch ein Streit zwischen der Kartause Gaming und dem Stift Admont war für den Rothwald hilfreich. 337 Jahre lang konnten sich die beiden Klöster nicht über die genauen Besitzverhältnisse einigen.

Aurikel, Primula auricula, und Clusius-Enzian, Gentiana clusii

Breitblatt-Laserkraut, Laserpitium latifolium

Holz-Apfel im Holzäpfeltal, Malus domestica

1875, als die technischen Möglichkeiten zur vollständigen Ausbeutung bereits recht gut waren, kam es zu einem glücklichen Zufall, dass Albert Rothschild, Leiter eines Finanzimperiums, den Rothwald ersteigerte und fortan für seinen Schutz sorgte.

Die unzähligen Felsformationen, auch Mäuer genannt, bieten felsbrütenden Vogelarten vorzügliche Bedingungen. Der Wanderfalke erreicht im Gebiet möglicherweise die höchste Dichte in ganz Österreich. Vom Steinadler sind mehrere Brutpaare bekannt und die unregulierten Oberläufe von Erlauf und Ybbs weisen eine hohe Siedlungsdichte von Gebirgsstelze und Wasseramsel auf.

Der Rothwald ist als Naturschutzgebiet ausgewiesen und das Betreten seiner Kernzone ist untersagt. Aber auch die Randzone und die Umgebung des Urwaldes sind faszinierend, wie etwa das Lassingbachtal oder das Holzäpfeltal auf steirischer Seite. Eine schöne Möglichkeit, die Orchideen des Holzäpfeltals zu suchen und zu finden, ist, wenn man das Auto bereits bei der Jausenstation Astrid stehen lässt, talaufwärts wandert und immer wieder einen Abstecher zum Bach mit seinen verschiedenen Stadien der Verlandung nimmt. Dort, wo den Kalkschutt schon Schnee-Heide und Rot-Föhren bewachsen haben, finden sich gerne Netzblatt, *Goodyera repens*, Frauenschuh, *Cypripedium calceolus*, und Fliegen-Ragwurz, *Ophrys insectifera*, an den Quellfluren Lappland-Fingerwurz, *Dactylorhiza lapponica*, und Honig-Einknolle, *Herminium monorchis*, und an den frischeren Bachschuttstellen Erstbesiedler wie Nordöstlicher Alpen-Mohn, *Papaver alpinum* subsp. *alpinum*, und Alpen-Gänsekresse, *Arabis alpina*.

An diesen Unmengen von Bachschutt, die jedes Jahr vom Gebirge erodieren und die so gerne von Orchideen besiedelt werden, ist der Mensch nicht ganz unbeteiligt. Bis Mitte des 19. Jahrhunderts wurden die Wälder hier am Rand des Rothwaldes zur Holzkohlengewinnung und Eisenerzeugung abgeholzt. Muren und Schutt konnten so ungehindert ins

Finden im Wildnisgebiet noch eine Heimat: Steinadler und Braunbär.

Tal mitverfrachtet werden und die Wiederbewaldung geht aufgrund des kargen Untergrundes nur langsam vor sich.

Bald nach dem Christerbauer endet der gemütliche Weg und ein Pfad zweigt ab zum Hochstadelgraben – ein beeindruckendes Tal für Abenteuerliebhaber. Vorbei an Wasserfällen führt das Tal, bis man bald selbst vor einem kleinen Wasserfall steht, der überwunden werden muss, will man den Hochstadelgraben, von den Einheimischen mitsamt dem Holzäpfeltal wegen der Unmengen von Bachgeschiebe oft „Sterbendes Tal" genannt, weiter erkunden. Mittels eines Seiles (Stand 2013) müssen diese vier Meter überwunden werden und spätestens hier ist für die meisten Schluss und die Umkehr zurück zur Jausenstation angesagt.

Aurikel, Primula auricula

Clusius-Primel, Primula clusiana

Zwergalpenrose, Rhodothamnus chamaecistus

Besonderheiten des Gebiets

Hybride aus Rot-Ständelwurz × Sumpf-Ständelwurz

Hirschzunge, Asplenium scolopendrium

Moor-Tarant, Swertia perennis

Kies-Steinbrech, Saxifraga mutata

Windröschen-Schmuckblume, Callianthemum anemonoides

Pyrenäen-Löffelkraut, Cochlearia pyrenaica

Orchideen des Holzäpfeltals

Kamm-Hundswurz, Breitblatt-Waldvöglein, Schmalblatt-Waldvöglein, Purpur-Waldvöglein, Frauenschuh, Fuchs-Fingerwurz, Kälteliebende Fuchs-Fingerwurz, Fuchs-Fingerwurz × Lappland-Fingerwurz, Fuchs-Fingerwurz × Breitblatt-Fingerwurz, Lappland-Fingerwurz, Lappland-Fingerwurz × Breitblatt-Fingerwurz, Hohlzungen-Fingerwurz, Rot-Ständelwurz, Rot-Ständelwurz × Sumpf-Ständelwurz (ehemals?), Grün-Ständelwurz, Sumpf-Ständelwurz, Netzblatt, Mücken-Händelwurz, Duft-Händelwurz, Honig-Einknolle, Einblatt-Weichständel, Brand-Keuschständel, Herz-Zweiblatt, Vogel-Nestwurz, Groß-Zweiblatt, Fliegen-Ragwurz, Prächtiges Manns-Knabenkraut, Weiß-Waldhyazinthe, Weißzüngel, Kugelständel.

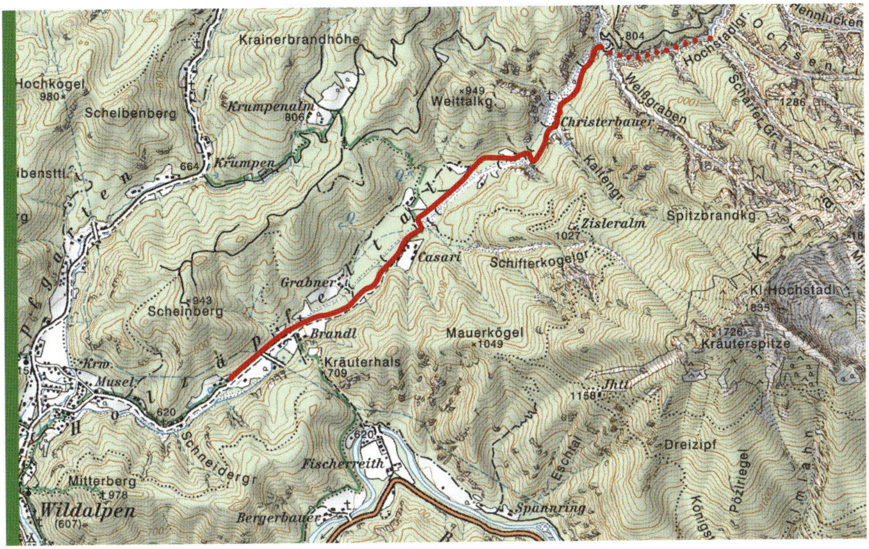

Pflanzenbesonderheiten: Windröschen-Schmuckblume, *Callianthemum anemonoides*; Pyrenäen-Löffelkraut, *Cochlearia pyrenaica*; Lappland-Fingerwurz, *Dactylorhiza lapponica*; Hybride aus Rot-Ständelwurz × Sumpf-Ständelwurz (ehemals?), *Epipactis ×pupplingensis*; Traunsee-Labkraut, *Galium truniacum*; Heilglöckel, *Primula matthioli*.

Blumenpracht: Breitblatt-Glockenblume, *Campanula latifolia*; Woll-Kratzdistel, *Cirsium eriophorum*; Sumpf-Blutauge, *Comarum palustre*; Stern-Narzisse, *Narcissus radiiflorus*; Kies-Steinbrech, *Saxifraga mutata*.

Beste Orchideenzeit: Anfang Juni – Ende Juli, für das Netzblatt Anfang Juli – Ende Juli.

Anspruch: gering bis zur Einstiegsstelle Hochstadelgraben, hoch bis zum Wasserfall im Hochstadelgraben.

Bergauf: Bis zur Einstiegstelle Hochstadelgraben 21 m, bis zum Wasserfall im Hochstadelgraben 116 m.

Gehzeit: Bis zur Einstiegstelle Hochstadelgraben 2,5 Std., bis zum Wasserfall im Hochstadelgraben 4,5 Std. (jeweils hin und zurück).

Barrierefreiheit: Für geländegängige Rollstühle/Kinderwägen bis zur Einstiegsstelle Hochstadelgraben gegeben.

Anreise: Von St. Pölten die B20 bis Gusswerk, dann die B24 bis Wildalpen. Bei der Kirche rechts abbiegen und dem Schild „Holzäpfeltal" bis zur Jausenstation folgen.

Öffentliche Verkehrsanbindung: mit der Buslinie 198 von Mariazell-Postamt bis Wildalpen-Ort, dann zu Fuß ins Holzäpfeltal.

Weitere Freizeitangebote und botanische Ziele im Gebiet:

- Hochquellenwasser-Museum Wildalpen
- Rafting, Kajak, Kanu und Canyoning an der Salza
- Rotmoosbach bei Göstling (Pyrenäen-Löffelkraut, *Cochlearia pyrenaica*; Rot-Ständelwurz in unterschiedlicher Blütenfarbe, *Epipactis atrorubens*; usw.)

Steiermark – Hochschwab

15

Das Zwerg-Kohlröschen am Weg zum Hochturm

Zwerg-Kohlröschen

Nigritella minor

Nigritella minor ist eine junge Sippe, die erst 2007 von Wolfram Foelsche und Kurt Zernig beschrieben wurde. Interessanterweise von einem wohlbekannten und viel besuchten Blumenberg, der bereits der *locus classicus* zweier anderer Nigritella-Arten (N. *austriaca* und N. *widderi*) ist. In den darauffolgenden Jahren wurden viele obersteirische Berge nach dem Zwerg-Kohlröschen abgesucht, ohne dass bisher ein weiterer Fundort auszumachen war.

Interessant auch die Entdeckungsgeschichte der kleinen Orchidee, die von einem Eintrag im Weltnetzforum „Heimischer Orchideen" ausging. Da stand am 21. Juni 2007 zu lesen, dass hier am Trenchtling in diesem Jahr auch gelbe Kohlröschen zu finden wären. Die Meldung war Anlass für so manchen Kohlröschenfreund, schnellstmöglich auf den Trenchtling zu kommen – es könnte ja ein Funke Wahrheit dabei sein. Und so waren dann hier oben im Bereich der Kohlröschenwiesen noch mehr Blumenfreunde zu beobachten als sonst. Gelbe Kohlröschen konnte keiner von uns finden, Prof. Foelsche dafür aber eine neue Sippe namens Zwerg-Kohlröschen.

Zwerg-Kohlröschen-Wiese

Wandervorschlag

Inmitten der für ihren Pflanzenreichtum so bekannten obersteirischen Kalkalpen liegt ein Berg, auf dem es ganz besonders bunt blumt – der Trenchtling im Hochschwabstock mit seiner höchsten Erhebung, dem Hochturm. Gleich drei Orchideen (*Nigritella austriaca, Nigritella widderi, Nigritella minor*) sind von hier erstbeschrieben worden.

Der Wanderweg beginnt unspektakulär. Vom Gasthaus Hiaslegg, welches nur an Sams-, Sonn- und Feiertagen geöffnet ist, zieht sich der 873er-Wanderweg durch den Fichtenforst hinauf zum

Wimper-Mannsschild, Androsace chamaejasme

Triglav-Pippau, Crepis terglouensis

Ostalpen-Nelke, Dianthus alpinus

Blarenkogel und über den Rossboden zum Edelweißboden. In alten Wanderkarten scheint der Edelweißboden noch als Zirbenboden auf, obgleich es dort keine einzige Zirbe, dafür aber umso mehr Edelweiß gibt. Fast bodenanliegend, dicht an dicht erblühen hier die Alpensterndl Ende Juni, genau zu der Zeit, wo auch die ersten Kohlröschen ihre Blüten öffnen. Das passt hervorragend, wenngleich auch vorher und nachher Besonderheiten am Berg zu finden sind. Im Mai/Juni sind es die Primeln: Aurikel, *Primula auricula,* Clusius-Primel, *P. clusiana*, Zwerg-Primel, *P. minima,* und die Hybride P. ×*intermedia,* die Kreuzung aus Clusius-Primel mit Zwerg-Primel. Zur gleichen Zeit zeigt sich hier auch das seltene Pyrenäen-Veilchen, *Viola pyrenaica,* und der häufige Clusius-Enzian, *Gentiana clusii.* Blau-gelb von Enzianen und Aurikeln erscheint zu dieser Zeit der Blumenberg. Im Juni/Juli

Niedrig-Enzian, Gentiana pumila

Nacktstängel-Kugelblume, Globularia nudicaulis

Clusius-Primel, Primula clusiana

Zwerg-Primel, Primula minima

Kreuzung aus Clusius-Primel × Zwerg-Primel, P. ×intermedia

Zwerg-Alpenscharte, Saussurea pygmaea

sind es dann vor allem die Kohlröschen, die begeistern: Österreich-Kohlröschen, *Nigritella austriaca*, Zweifarben-Kohlröschen, *N. bicolor*, Zwerg-Kohlröschen, *N. minor*, Rhellicanus-Kohlröschen, *N. rhellicani*, Rot-Kohlröschen, *N. rubra*, und Widder-Kohlröschen, *N. widderi*, dazwischen Niedrig-Enzian, *Gentiana pumila*, Portenschlag-Läusekraut, *Pedicularis portenschlagii*, und Wechselhaar-Frauenmantel, *Alchemilla versipilia*, der hier seinen östlichsten Fundpunkt in den Alpen hat. Später im Jahr sind es dann Ostalpen-Enzian, *Gentiana pannonica*, Zwerg-Alpenscharte, *Saussurea pygmaea*, und Hasenohr-Habichtskraut, *Hieracium bupleuroides*, welche die Matten des Berges färben.

Kein Wunder also, dass von einem Weiterkommen mit mir keine Rede ist. Während die anderen schon am Hochturm-Gipfel sind, rutsche ich nach wie vor auf den Knien am Kohlröschenboden umher und oben am Gipfel müssen unbedingt noch Triglav-Pippau, *Crepis terglouensis*, und Mannsschild-Miere, *Minuartia cherlerioides*, abgelichtet werden. Ist das geschehen, gibt es einen Blick auf die grandiose Aussicht. Von hier überblickt man das Hochschwabmassiv in seiner vollen Ausdehnung vom Polster bis zu den Aflenzer Staritzen, weiters Hochkar, Ötscher, Schneeberg, Rax, Veitsch, Wechsel, Sonnwendstein, Fischbacher Alpen, Schöckl, Gleinalpe, Zirbitzkogel, den östlichen Teil der Niederen Tauern, Dachstein, einen Teil des Toten Gebirges und das Sengsengebirge. Einfach herrlich, aber ich glaube, mit mir gehen die sicher nicht mehr am Berg.

Orchideen des Trenchtlings

Zwergständel, Chamorchis alpina

Frauenschuh, Cypripedium calceolus

Fuchs-Fingerwurz, Dactylorhiza fuchsii

Hohlzungen-Fingerwurz, Dacylorhiza viridis

Rot-Ständelwurz, Epipactis atrorubens

Grün-Ständelwurz, Epipactis helleborine

Sumpf-Ständelwurz, Epipactis palustris

Mücken-Händelwurz, Gymnadenia conopsea

Duft-Händelwurz, Gymnadenia odoratissima

Einblatt-Weichständel, Malaxis monophyllos

Brand-Keuschständel, Neotinea ustulata

Österreich-Kohlröschen, Nigritella austriaca

Zweifarben-Kohlröschen, Nigritella bicolor

Zwerg-Kohlröschen, Nigritella minor

Rhellicanus-Kohlröschen, Nigritella rhellicani

Rot-Kohlröschen, Nigritella rubra

Widder-Kohlröschen, Nigritella widderi

Prächtiges Manns-Knabenkraut, Orchis mascula subsp. speciosa

Weiß-Waldhyazinthe, Platanthera bifolia

Weiß- × Grünlich-Waldhyazinthe, Platanthera ×hybrida

Grünlich-Waldhyazinthe, Platanthera chlorantha

Gewöhnliches Weißzüngel, Pseudorchis albida ssp. albida

Dreizackiges Weißzüngel, P. albida subsp. tricuspis

Kugelständel, Traunsteinera globosa

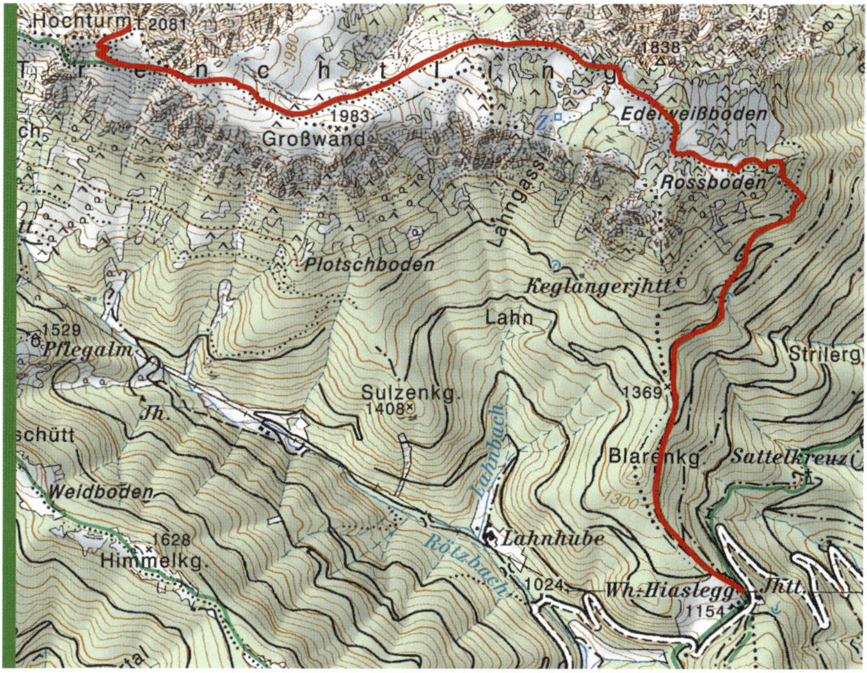

Pflanzenbesonderheiten: Ostalpen-Meier, *Asperula neilreichii*; Hahnenfuß-Hasenohr, *Bupleurum ranunculoides*; Meergrün-Habichtskraut, *Hieracium caesium*; Zahnblatt-Habichtskraut, *Hieracium dentatum*; Mannsschild-Miere, *Minuartia cherlerioides*; Herz-Zweiblatt, *Neottia cordata*; Österreich-Kohlröschen, *Nigritella austriaca*; Zwerg-Kohlröschen, *Nigritella minor*, Widder-Kohlröschen, *Nigritella widderi*; Portenschlag-Läusekraut, *Pedicularis portenschlagii*; Zwerg-Alpenscharte, *Saussurea pygmaea*.

Blumenpracht: Berghähnlein, *Anemonastrum narcissiflorum*; Triglav-Pippau, *Crepis terglouensis*; Nacktstängel-Kugelblume, *Globularia nudicaulis*; Nordöstlicher Alpen-Mohn, *Papaver alpinum* subsp. *alpinum*; Aurikel, *Primula auricula*; Clusius-Primel, *Primula clusiana*; Zwergalpenrose, *Rhodothamnus chamaecistus*.

Beste Orchideenzeit: Ende Juni – Mitte Juli, so auch für das Zwerg-Kohlröschen.

Anspruch: hoch

Bergauf: 959 m

Gehzeit: 5,5 Std. (bis zum Hochturm-Gipfel und zurück)

Anreise: Von Graz auf der A9 bis zum Knoten Deutschfeistritz, dann die S35 bis Bruck an der Mur/Zentrum, dann die B116 bis zum Landeskrankenhaus Bruck, links die Tragösser Straße L111 hinein bis zur Pfarrkirche St. Nikolaus in Großdorf, dann die Rötzstraße hinauf bis Hiaslegg.
Von Wien auf der A2 und der S6 bis Bruck an der Mur/Zentrum, dann wie oben beschrieben.

Öffentliche Verkehrsanbindung: Mit dem Zug bis Bruck/Mur, dann mit der Buslinie 175 bis Großdorf-Pichl/Kirche, dann mit dem Taxi (z.B. Taxi Hausberger +43/3868-8218) bis Hiaslegg.

Barrierefreiheit für Kinderwägen/Rollstühle: Der Trenchtling ist nicht barrierefrei. Ein botanisch und landschaftlich hervorragender Weg findet sich aber am Nordostfuß des Trenchtlings zwischen Grünem See und Pfarrerlacke, mit botanischen Kostbarkeiten wie dem Frauenschuh, *Cypripedium calceolus*, und der Hybride aus Fuchs-Fingerwurz × Duft-Händelwurz, ×*Dactylodenia regeliana*.

16

Der Widerbart am Weg zur Sonnschienalm

Widerbart

Epipogium aphyllum

Mitten im dunklen Wald, wo kein Sonnenlicht durchzudringen vermag, lebt ein heimischer Berggeist namens Widerbart. Und was so wie ein Märchen klingt, ist doch die Wahrheit. Denn der Widerbart hat auf die Bildung von Chlorophyll verzichtet, stattdessen lebt er in einer Symbiose mit einem Bodenpilz, der ihm erst das Leben im Dunkeln ermöglicht.

Auch sein Aussehen ist eigenartig. Die Lippe, die bei den meisten Blüten abwärts gerichtet ist, steht bei dieser Orchidee nach oben. So ist die Lippe, früher oft auch Bart genannt, wider allen Üblichen und so entstand dann auch sein Name Widerbart.

Sein Verbreitungsgebiet ist groß und reicht von Spanien und Skandinavien bis Kamtschatka und Japan. In diesem tritt er aber doch selten auf und manches Mal, wenn die Bedingungen nicht entsprechen, setzt er jahrelang mit der Blüte aus, um dann, wenn man ihn schon abgeschrieben hat, doch wieder zu erscheinen.

Clusius-Enzian, Gentiana clusii

Wandervorschlag

Das Hochschwab-Massiv bietet unzählige Möglichkeiten für botanische Wanderungen. Wir haben eine ausgesucht, die vom Bodenbauer über die Häuselalm zum Sackwiesensee und zur Sonnschienalm führt. Schon unten beim Bodenbauer finden sich die ersten Besonderheiten. Der Nordöstliche Alpen-Mohn, *Papaver alpinum* subsp. *alpinum*, der sonst nur im Kalkschutt der Gipfeln zu finden ist, fühlt sich auch hier unten im Straßenbankett wohl und drinnen im Gebirgsauwald wächst ein ganz Seltener, der Virginia-Rautenfarn, *Botrychium virginicum*. In dieser Tonart geht es weiter, wenngleich oft ein langwieriges Suchen notwendig ist, um die Besonderheiten eines Gebietes zu finden. Mit viel Ausdauer, oft aber nur etwas Glück finden

Schneerose, Helleborus niger

Zotten-Habichtskraut, Hieracium villosum

Nordöstlicher Alpen-Mohn, Papaver alpinum subsp.alpinum

wir im Buchenwald beim steilen Aufstieg zur Häuselalm schon den ersten Widerbart, der so gar nicht aussieht wie von dieser Welt. Er lebt in Symbiose mit im Boden lebenden Mykorrhizapilzen, deren Hyphen in das jugendliche Gewebe des Rhizoms eindringen und in den dafür vorbestimmten Zellen wuchern bis diese durch die Abwehrreaktion der Orchidee einem Kollaps erliegen. Die freigesetzten Nährstoffe verwertet der Widerbart für seinen körpereigenen Aufbau, da ihm das Chlorophyll fehlt. Hier am Hochschwab hat die eigenartige Pflanze noch mehrere Vorkommen und es wird berichtet, dass er auch unterirdisch blühen kann – wie soll man ihn denn da finden? Zwischen Bodenbauer und Häuselalm ist die Chance jedenfalls groß, ihm zu begegnen. Einmal wuchs ein viertriebiger Stock sogar mitten am Weg am Fuße einer Buche. Der Dunkelheit des Waldes entronnen

Sonnschienalm mit Ebenstein

stellen sich die schönsten Bergblumen für uns auf: Akelei-Wiesenraute, *Thalictrum aquilegiifolium,* Schabenkraut-Pippau, *Crepis pyrenaica,* Alpen-Milchlattich, *Lactuca alpina,* Ostalpen-Enzian, *Gentiana pannonica,* Sumpf-Herzblatt, *Parnassia palustris,* Österreich-Glockenblume, *Campanula pulla,* und viele andere mehr.

Wir erreichen die Häuselalm und erinnern uns an eine Begebenheit, die wir hier vor vielen Jahren erlebten. Wir waren eine Gruppe Mädels und Burschen, fuhren mit den Motorrädern zum Bodenbauer und stiegen dann zum Ebenstein auf, mit wilder Übernachtung im Gebiet der Sonnschienalm, denn die Hütte war damals restlos überfüllt. Bei der Häuselalm machten wir Rast und bestellten Kracherl und Bier. Da kam ein Pferd zum Tisch und machte sich an den Getränkeflaschen zu schaffen. Es nahm die Limoflasche zwischen die Zähne und leerte sie durch eine Kopfbewegung. Wie uns andere Gäste gefasst sagten, war es das Pferd, welches die Speisen und Getränke vom Tal hinauf beförderte, denn eine Straße gab es damals noch nicht. Also dachten wir, wenn es so brav unsere Getränke bringt, kann es auch ruhig etwas davon abbekommen. Nicht so gesehen hat das der Wirt, den sie Bubi nannten. Mit einem Stecken vertrieb er das Pferd vom Tisch, was wiederum uns nicht gefiel und ein kleiner Disput begann, und das auf 1.526 m!

Von der Häuselalm ist es nur mehr ein Katzensprung zum malerisch gelegenen Sackwiesensee. Über die Sackwiesenalm geht es bergab zum See, an dessen Verlandungsufern im Hochsommer eine Pflanze schwarzrot zu uns herleuchtet – das Sumpf-Blutauge, *Comarum palustre.* Und auch zur Sonnschienalm mit ihren vielen Enzianen und Ostalpen-Nelken ist es jetzt nicht mehr weit.

Unweit der Häuselalm liegt der idyllische Sackwiesensee

Unter anderem im Gebiet zu finden

Akelei-Wiesenraute, Thalictrum aquilegiifolium

Schabenkraut-Pippau, Crepis pyrenaica

Alpen-Milchlattich, Lactuca alpina

Sumpf-Herzblatt, Parnassia palustris

Ostalpen-Enzian, Gentiana pannonica

Sumpf-Blutauge, Comarum palustre

Österreich-Kranzenzian, Gentianella austriaca

Österreich-Soldanelle, Soldanella austriaca

Groß-Alpendost (Austrieb), Adenostyles alliariae

Orchideen im Gebiet der Wanderung

Schmalblatt-Waldvöglein, Korallenwurz, Frauenschuh, Fuchs-Fingerwurz, Breitblatt-Fingerwurz, Hohlzungen-Fingerwurz, Rot-Ständelwurz, Grün-Ständelwurz, Sumpf-Ständelwurz, Widerbart, Mücken-Händelwurz, Duft-Händelwurz, Einblatt-Weichständel, Vogel-Nestwurz, Groß-Zweiblatt, Fliegen-Ragwurz, Prächtiges Manns-Knabenkraut, Weiß-Waldhyazinthe, Grünlich-Waldhyazinthe, Kugelständel.

Pflanzenbesonderheiten: Dolomit-Streifenfarn, *Asplenium seelosii* (in der Hundswand); Traunsee-Labkraut, *Galium truniacum*; Karpaten-Miere, *Minuartia langii*; Distel-Sommerwurz, *Orobanche reticulata*; Österreich-Soldanelle, *Soldanella austriaca*.

Blumenpracht: Sumpf-Blutauge, *Comarum palustre*; Österreich-Kranzenzian, *Gentianella austriaca*; Nordöstlicher Alpen-Mohn, *Papaver alpinum* subsp. *alpinum*.

Beste Orchideenzeit: Mitte Juni – Ende Juli, für den Widerbart Mitte Juli – Mitte August

Anspruch: hoch

Bergauf: 713 m

Gehzeit: 5,5 Stunden (hin und zurück)

Anreise: Von Graz auf der A9 bis zum Knoten Deuschfeistritz, auf der S35 nach Bruck/Mur, auf der S6 Richtung Wien bis Kapfenberg, B20 bis Thörl, L125 bis zum Bodenbauer.

Von Wien auf der A2 bis zum Knoten Seebenstein, dann die S6 bis Kapfenberg, die B20 bis Thörl und die L125 bis zum Bodenbauer.

Öffentliche Verkehrsanbindung: nur bis Thörl, mit dem Bus 171 von Bruck/Mur oder Turnau, dann mit dem Taxi (Anbieter z. B. Gombotz +43/3862–24990, Hochschwab +43/3861–2400 oder Rund um die Uhr +43/3862–55500) bis zum Bodenbauer.

Weitere Freizeitangebote und botanische Ziele im Gebiet:

- Hochschwabmuseum beim Bodenbauer
- Kraftplatz beim Panoramaweg Bodenbauer
- Hochschwabgipfel (Sauter-Felsenblümchen, *Draba sauteri*; Triglav-Pippau, *Crepis terglouensis*; Hochschwab-Steinkraut, *Alyssum neglectum*; usw.)

Steiermark – Hochschwab

Der Frauenschuh in der Karlschütt

17

Frauenschuh

Cypripedium calceolus

Wie ein Wesen aus einer anderen Welt – so fremdartig schön und bezaubernd anmutig erscheint der Frauenschuh. Und jedes Mal, wenn man vor solch einem Berggeist steht, lacht das Herz von uns Blumenbegeisterten. Und hier in der Karlschütt gibt es Gott sei Dank noch viel zu lachen.

Cypripedium als botanischer Gattungsname ist den altgriechischen Wörtern „kypros" (= Zypern, da hier der Sage nach die Liebesgöttin Venus aus Schaum geboren wurde) und „pedilon" (= Schuh) zusammengesetzt, was zusammen frei übersetzt Venusschuh ergibt. Der deutsche Name Frauenschuh ist aber keine Übersetzung dieses Venusschuhes, weil er schon vor diesem entstand, sondern eine Ableitung vom ursprünglichen Namen „Freyaschuh" zu Ehren der germanischen Liebesgöttin Freya.

Frauenschuh

Wandervorschlag

Abends, wenn die Sonne hinter dem Wald verschwindet, beginnt zur Frühlingszeit das nächtliche Konzert auf dem Platz. Was dort an Insekten wohnt, das summt und zirpt und auf dem Weg zur nächtlichen Herberge ist, das will noch einmal gehört sein, ehe die Nacht sich über den Frauenschuh breitet. Die Luft ist von wundersamen Klängen erfüllt. Die sinkende Sonne schickt warme Strahlen über die einsame Lichtung und einzelne, feurig leuchtende Wolken hängen noch oben am Frühlingshimmel. Die Dämmerung sinkt hernieder, ein leiser Windhauch erscheint wie eine Mahnung zur Ruhe. Und sie neigen sich, die Köpfchen der Orchidee, zum Zeichen des Verstehens. In den Baumkronen ist es ruhig geworden, und der unendliche, geheimnisvolle Friede der Waldeinsamkeit sinkt auf das frühlingsgrüne Stückchen Erde herab.

Mannigfaltigkeit des Frauenschuhs

Leicht kann man poetisch werden in solch einem Landschaftsrahmen. Es ist ein Stückchen Erde, das sich Zeit genommen hat, zu wachsen und sich zu formen. Und Zeit sollte man sich selbst auch nehmen, um die Stille der Wälder zu genießen und mit der Kraft der uralten Steine zu träumen, um die Harmonie der Natur in sich aufzunehmen und sich an den Blumen und Tieren des Gebietes zu erfreuen und die Hektik des Alltags hinter sich zu lassen. Die Rede ist von der Karlschütt am Südfuß des Hochschwabmassivs. Sie beherbergt ein besonderes Naturjuwel in Form eines orchideenreichen Wacholder-Kiefernwaldes. 19 Orchideenarten sind in diesem relativ kleinen, etwa 23 Hektar umfassenden Gebiet zu finden. Daneben

Blick von der Karlschütt zum Hochschwab

wachsen auch die mächtigsten Wacholder, *Juniperus communis,* Österreichs. In der Regel wächst dieses Gehölz bei uns niederliegend oder aufrecht-strauchartig. Hier in der Karlschütt gibt es aber bis zu 10 Meter hohe und etwa 200 Jahre alte Wacholderbäume, wie man sie sonst nur aus Anatolien oder dem Mittelmeergebiet kennt.

Ein Ausgangspunkt für eine Erwanderung der Karlschütt ist der Bildstock zwischen Innerzwain und dem Bodenbauer, einen Kilometer südöstlich vom Moarhaus auf 837 m. Von hier führen Wege zur Sandgrube in der Karlschütt und zum Forsthaus. Botanisch interessant ist auch ein Abstecher ins trockene Bachbett der Karlschütt, wo alpine Pflanzen wie Nordöstlicher Alpen-Mohn, Papaver *alpinum* subsp. *alpinum,* und Clusius-Enzian, *Gentiana clusii,* herabgeschwemmt vorkommen.

In der Karlschütt unter anderem zu finden

Zwerg-Glockenblume, Campanula cochleariifolia

Pestwurz-Sommerwurz, Orobanche flava

Nordöstlicher Alpen-Mohn, Papaver alpinum subsp. alpinum

Flaum-Steinröslein, Daphne cneorum

Virginia-Rautenfarn, Botrychium virginicum

Alpen-Waldrebe, Clematis alpina

Einbeere, Paris quadrifolia

Maiglöckchen, Convallaria majalis

Nordost-Alpen-Kuhschelle, Pulsatilla alpina ssp. schneebergensis

Orchideen der Karlschütt

Breitblatt-Waldvöglein, Schmalblatt-Waldvöglein, Purpur-Waldvöglein, Korallenwurz, Frauenschuh, Fuchs-Fingerwurz, Hohlzungen-Fingerwurz, Rot-Ständelwurz, Grün-Ständelwurz, Sumpf-Ständelwurz, Netzblatt, Mücken-Händelwurz, Duft-Händelwurz, Vogel-Nestwurz, Groß-Zweiblatt, Fliegen-Ragwurz, Prächtiges Manns-Knabenkraut, Weiß-Waldhyazinthe, Weißzüngel.

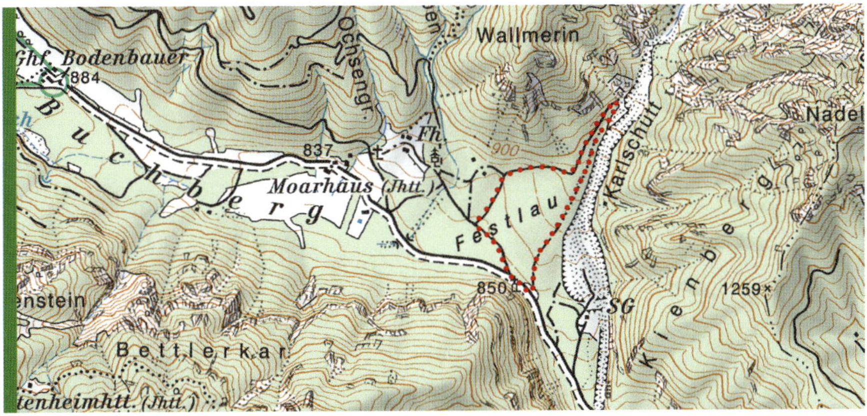

Pflanzenbesonderheiten: Virginia-Rautenfarn, *Botrychium virginiacum*; Flaum-Steinröslein, *Daphne cneorum*; Widerbart, *Epipogium aphyllum*; Echt-Wacholder, *Juniperus communis.*

Blumenpracht: Frauenschuh, *Cypripedium calceolus*; Alpen-Lein, *Linum alpinum*; Moosauge, *Moneses uniflora*; Fliegen-Ragwurz, *Ophrys insectifera*; Nordöstlicher Alpen-Mohn, *Papaver alpinum* subsp. *alpinum*; Zwergalpenrose, *Rhodothamnus chamaecistus.*

Beste Orchideenzeit: Ende Mai – Ende Juli, für den Frauenschuh Ende Mai – Mitte Juni.

Anspruch: gering

Bergauf: ca. 50 m

Gehzeit: je nach Intensität 1–2 Stunden

Anreise: Von Graz auf der A9 bis zum Knoten Deuschfeistritz, auf der S35 nach Bruck/Mur, auf der S6 Richtung Wien bis Kapfenberg, B20 bis Thörl, L125 bis fast zum Ende der Straße.

Von Wien auf der A2 bis zum Knoten Seebenstein, S6 bis Kapfenberg, B20 bis Thörl, L125 bis fast zum Ende der Straße.

Öffentliche Verkehrsanbindung: nur bis Thörl, mit dem Bus 171 von Bruck/Mur oder Turnau; dann zu Fuß oder mit dem Taxi (z. B. Taxi Gombotz +43/3862-24990, Hochschwab +43/3861-2400 oder „Rund um die Uhr" +43/3862-55500) bis zur Karlschütt.

Weitere Freizeitangebote und botanische Ziele im Gebiet:

- Schachensteiner Landsknechte in Thörl
- Heilkräuterweg Aflenz
- Trenchtling (Zwerg-Kohlröschen, *Nigritella minor*, Österreich-Kohlröschen, *N. austriaca*; Edelweiß, *Leontopodium alpinum*; usw.)
- Grüner See (Frauenschuh, *Cypripedium calceolus*; Hybride aus Fuchs-Fingerwurz, *Dactylorhiza fuchsii* × Duft-Händelwurz, *Gymnadenia odoratissima*; usw.)

Das Steineralpen-Kohlröschen im Seekar

Steineralpen-Kohlröschen

Nigritella lithopolitanica

Die Kohlröschen sind in den Ostalpen besonders artenreich und mannigfaltig. Nirgendwo sonst gibt es mehr verschiedene Sippen als hier. Viele Berge in den Ostalpen beheimaten zwei oder drei Arten, andere sogar vier oder fünf. Die artenreichsten sind der Traweng im Toten Gebirge, die Teichalm im Grazer Bergland und das Seekar der Koralpe. Letzterer Fund ist insofern interessant, weil es nur eine Kalkinsel inmitten des Urgesteingebirges ist und trotzdem finden hier fünf Arten und drei Hybriden eine Heimat.

Steineralpen-Kohlröschen und Rhellicanus-Kohlröschen sind die einzigen sich sexuell vermehrenden Kohlröschen der Ostalpen. Sie lassen sich verhältnismäßig leicht bestimmen, was für die neun (zehn) sich apomiktisch, also ungeschlechtlich, fortpflanzenden Arten des Gebietes nicht immer zutrifft. Trotzdem müssen auch diese sich ungeschlechtlich reproduzierenden Sippen als Arten aufgefasst werden, wie das die Grundregeln der Botanik festlegen.

Vor etwa 100 Jahren beschrieb der große Schweizer Botaniker Robert Buser etliche neue Frauenmantel-Arten, die sich alle apomiktisch fortpflanzen. Damals bekam er von vielen seiner Kollegen Hohn und Gelächter dafür. Sie nannten ihn „Artenfabrikant" und Ähnliches mehr. Heute wird an der Eigenständigkeit von keiner dieser Alchemilla-Sippen mehr gezweifelt und genauso, wie es damals Buser erging, ergeht es heute einigen Kohlröschen-Forschern.

Wandervorschlag

Noch bis in die 1950er-Jahre nannten namhafte Botaniker die Koralpe einen artenarmen Silikatstock am Ostrand der Alpen. Zu dieser Zeit nahm der steirische Botaniker Prof. Felix Widder aber bereits die Flora dieses Bergstockes genau auf. Er kannte bereits die Kalkeinschlüsse im Seekar und im Großen Kar und war ver-

Ostalpen-Enzian, Gentiana pannonica

Meisterwurz, Peucedanum ostruthium

Weiß-Germer, Veratrum album

blüfft über die Pflanzenvielfalt in diesen Marmorgebieten.

Wir begeben uns diesmal auf die Spuren von Prof. Widder und fahren bis zum großen Parkplatz unterhalb der Reihkehre. Bereits hier erwarten uns zwei Besonderheiten: die Glocken-Heide, *Erica tetralix*, und das Wiesen-Habichtskraut, *Hieracium caespitosum*. Beide sind in den Ostalpen selten, werden durch die Bewaldung der Straßenböschung aber auch hier immer seltener und es ist wohl nur mehr eine Frage der Zeit, bis der Bestand erloschen ist. Fraglich bleibt bis heute, wie die westeuropäische Glocken-Heide hier herkam.

Wir folgen der leicht ansteigenden Forststraße, vorbei an ein paar kleinen Bächen mit Sprossendem Stern-Steinbrech, *Saxifraga stellaris* subsp. *prolifera*, und durch einen lichten, artenarmen Fichtenforst mit Heidelbeeren als Unterwuchs. Die Wälder hier waren nicht immer so monoton. Für die Glasherstellung im Koralmgebiet fällte man die Buchen, die eine besonders große Hitze erzeugten

Blick vom oberen Seekar über die Hochalm nach Osten

und so für die Schmelze notwendig waren. Was übrigblieb und neu aufgeforstet wurde, ist die Fichte.

Nach wenigen Kilometern kommen wir zur Bärentalhütte, einer gemütlichen Einkehrmöglichkeit mit bodenständiger Jause und gutem Most.

Wir queren die Weide oberhalb der Bärentalhütte und gehen den Pfad durch das Grünerlengebüsch hinauf zur Hochalm. Ostalpen-Enzian, *Gentiana pannonica*, Meisterwurz, *Peucedanum ostruthium*, und Weißer Germer, *Veratrum album*, schmücken den Weg.

Die Hochalm oben ist erschreckend artenarm, zu viele Rinder und Silikatuntergrund sind die Ursachen dafür. Lediglich an den wenigen zu überquerenden Wildbächen blüht es reicher – es ist die Heimat der Sturzbach-Gamswurz, *Doronicum cataractarum*, die Aushängepflanze der Koralpe. Aber auch ihr macht der reiche Viehbesatz zu schaffen und so ist in den letzten Jahren ein beängstigender Rückgang dieser Prachtstaude zu verzeichnen.

Je weiter wir nun nach Süden kommen, je mehr wir uns dem Seespitz und damit dem darunterliegenden Seekar nähern, umso artenreicher und bunter wird die Landschaft. Bei den ersten Marmorfelsen finden wir bereits das Koralpen-Berufkraut, *Erigeron glabratus* subsp. *candidus*, und traut man sich den steilen Pfad ins Seekar hinunter, dann geht es Schlag auf Schlag: Steineralpen-Kohlröschen, *Nigritella lithopolitanica*, Waldstein-Kratzdistel, *Cirsium waldsteinii*, eine stark behaarte Form der Glanz-Skabiose, *Scabiosa lucida*, Schön-Klappertopf, *Rhinanthus pulcher*, Hoch-Rittersporn, *Delphinium elatum* subsp. *elatum*, und

Bienenlehrpfad oberhalb der Bärentalhütte

Südlich-Tragant, *Astragalus australis*, stellen sich ein.

Am 8. Juli 2012 waren wir wieder einmal hier, bestimmt das 15. Mal, wieder auf der Suche nach Kohlröschen und der Schierlingssilge, *Conioselinum vaginatum*, die laut alten Angaben hier im Seekar gefunden worden sein soll. Fündig wurden wir auch diesmal nicht, dafür stand da eine andere merkwürdige Pflanze vor uns: Die Ostalpen-Nelke, *Dianthus alpinus*, die hier überhaupt nicht sein dürfte, ist sie doch ein Endemit der Nordostalpen. Die Professoren der Uni Wien und das Grazer Joanneum vermuten, dass es sich um eine Ansalbung, also um eine vom Menschen gewollte oder ungewollte Ausbreitung, handelt. Sie verweisen auf die akribische Arbeit von Prof. Widder, der die Pflanze nicht vom Seekar nennt. Der zweiblütige Stock lag ganz entlegen an einem äußerst schwer erreichbaren Marmorfelsen. Wer sollte ihn hierher pflanzen? Möglich, dass ein Blumenfreund unbewusst den Samen der Nelke mitgebracht hat. Wahrscheinlicher ist aber, dass die Ostalpen-Nelke schon immer hier vorkam, durch die schwere Zugänglichkeit des Gebietes aber bisher unentdeckt blieb. Wie dem auch sei, Besonderheiten hat das Seekar mehrere zu bieten. So konnten wir am 3. Juli 2005 erstmals die Hybride aus Rhellicanus- und Steineralpen-Kohlröschen finden und am 25. Juni 2011 die Hybride aus Rot- mit Steineralpen-Kohlröschen. Letztere ist weltweit bisher nur von hier bekannt. Ich beschrieb die Kreuzung zu Ehren des niederösterreichischen Orchideenfachmannes Franz Fohringer als *Nigritella ×fohringeri*.

Auch eine hübsche Kratzdistel-Kreuzung kennen wir seit dem Jahr 1989 vom Seekar: *Cirsium ×scopolianum*, das Kind von Kleb-Kratzdistel, *Cirsium erisithales*, und Waldstein-Kratzdistel, *Cirsium waldsteinii*. Seit 25 Jahren wächst diese an der gleichen steilen Stelle und es liegt die Vermutung nahe, dass es sich um ein und denselben Stock handelt, was für Kratzdisteln ein außergewöhnlich hohes Alter wäre.

Alle Besonderheiten des Seekars kann man bei einem Besuch nie und nimmer finden. Viel zu schwer begehbar ist das Gelände und man müsste zu verschiedenen Jahreszeiten kommen. Eine botanische Überraschung ist hier aber fast immer zu erwarten und enttäuscht hat uns das Seekar bisher noch nie.

Es ist Zeit für den Rückweg. Wir können nun wieder hinauf zum Seespitz gehen oder aber wir bleiben unten und wagen den unmarkierten Weg, der zurück über die Hochalm zum Steinernen Mandl und zur Bärentalhütte führt.

Im Seekar unter anderem zu finden

Hoch-Rittersporn, Delphinium elatum subsp. elatum

Tauern-Felsenblümchen, Draba pacheri

Safran-Schuppenleuenzahn, Scorzoneroides crocea

Kleb-Kratzdistel, Cirsium erisithales

Waldstein-Kratzdistel, Cirsium waldsteinii

Hybride Kleb- × Waldstein-Kratzdistel, Cirsium ×scopolianum

Rückkreuzung Kleb-Kratzdistel × C. ×scopolianum

Sprossender Stern-Steinbrech, Saxifraga stellaris subsp. prolifera

Sturzbach-Gamswurz, Doronicum cataractarum

Kohlröschen-Kreuzungen des Seekars

Elternart Steineralpen-Kohlröschen, Nigritella lithopolitanica

Elternart Rot-Kohlröschen, Nigritella rubra

Kind Nigritella ×fohringeri (= N. lithopolitanica × N. rubra)

Elternart Steineralpen-Kohlröschen, Nigritella lithopolitanica

Elternart Rhellicanus-Kohlröschen, Nigritella rhellicani

Kind Nigritella ×petzenensis (= N. lithopolitanica × N. rhellicani)

Orchideen im Gebiet

Korallenwurz, Fuchs-Fingerwurz, Fuchs-Fingerwurz × Breitblatt-Fingerwurz, Breitblatt-Fingerwurz, Hohlzungen-Fingerwurz, Mücken-Händelwurz, Mücken-Händelwurz × Rhellicanus-Kohlröschen, Groß-Zweiblatt, Österreich-Kohlröschen, Zweifarben-Kohlröschen, Steineralpen-Kohlröschen, Steineralpen-Kohlröschen × Rhellicanus-Kohlröschen, Steineralpen-Kohlröschen × Rot-Kohlröschen, Rot-Kohlröschen, Weiß-Waldhyazinthe, Weiß-Waldhyazinthe × Grünlich-Waldhyazinthe, Grünlich-Waldhyazinthe, Weißzüngel.

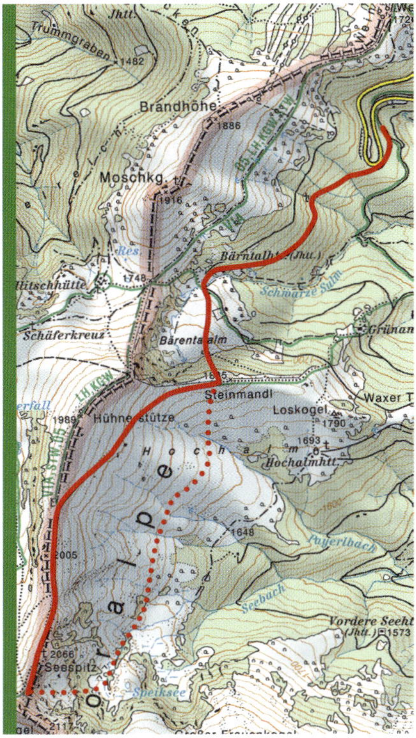

Pflanzenbesonderheiten: Sturzbach-Gamswurz, *Doronicum cataractarum*; Tauern-Felsenblümchen, *Draba pacheri*; Glocken-Heide, *Erica tetralix*; Koralpen-Berufkraut, *Erigeron glabratus* subsp. *candidus*; Villars-Berufkraut, *Erigeron atticus*; Wiesen-Habichtskraut, *Hieracium caespitosum*; Hybriden aus *Nitritella lithopolitanica* × *N. rubra* und *Nigritella lithopolitanica* × *N. rhellicani*; Skabiosen-Sommerwurz, *Orobanche pancicii* (auf *Knautia drymeia* subsp. *intermedia* schmarotzend); Schön-Klappertopf, *Rhinanthus pulcher*, Safran-Schuppenleuenzahn, *Scorzoneroides crocea*; Civigale-Aschenkraut, *Tephroseris pseudocrispa*.

Blumenpracht: Waldstein-Kratzdistel, *Cirsium waldsteinii*; Illyrien-Krokus, *Crocus exiguus*; Hoch-Rittersporn, *Delphinium elatum* subsp. *elatum*; Alpen-Pracht-Nelke, *Dianthus superbus* subsp. *alpestris*.

Beste Orchideenzeit: Ende Juni – Mitte Juli, so auch für das Steineralpen-Kohlröschen.

Anspruch: hoch

Bergauf: ca. 350 m

Gehzeit: 4,5 Std. (hin und zurück)

Anreise: Von Graz kommend auf der A2 in Richtung Klagenfurt bis zur Abfahrt Lieboch, der B76 bis nach Deutschlandsberg zur Kreuzung mit der B74 bzw. der L619 folgen, im Kreisverkehr mit der gelben Satellitenantenne rechts auf die L619 abbiegen und dieser bis zur Reihkehre, das ist die einzige wirklich große Straßenkehre vor der Weinebene, folgen. Dort am großen Wanderparkplatz parken.
Von Klagenfurt kommend auf der A2 in Richtung Wien bis zur Abfahrt Wolfsberg Nord, auf der B70 bis nach St. Gertraud, dann rechts auf der L148 bis zur Weinebene und ein Stück weiter bis zur Reihkehre, das ist die erste wirkliche Straßenkehre nach der Weinebene.

Öffentliche Verkehrsanbindung: Wanderbus vom Bahnhof Wolfsberg bis zur Göslerhütte auf der Weinebene. Informationen diesbezüglich unter Regionalmanagement Lavanttal, Tel. +43/4352/2925, www.region-lavanttal.at

Weitere Freizeitangebote und botanische Ziele im Gebiet:

- Keltenmuseum Burg Deutschlandsberg
- Deutschlandsberger Klause (Glimmer-Steinbrech, *Saxifraga paradoxa*; Verschiedenblatt-Nabelmiere, *Moehringia diversifolia*; usw.)
- Koralpe, Großes Kar (Sturzbach-Gamswurz, *Doronicum cataractarum*; Waldstein-Kratzdistel, *Cirsium waldsteinii*; usw.)

Steiermark – Grazer Bergland

Die Korallenwurz am Hochlantsch

19

Korallenwurz

Corallorhiza trifida

Laub- und Nadelwälder sind für gewöhnlich der bevorzugte Lebensraum der Korallenwurz. Doch je höher die Pflanze steigt, desto lichthungriger scheint sie zu werden, denn hier oben findet man sie auch auf den Bergwiesen und in den Quellfluren. Oder liegt es nur daran, dass hier oben keine schattenspendenden Bäume mehr gedeihen? Dass die Korallenwurz nicht wählerisch ist, sieht man schon an der großen Verbreitung, die von Island und den Pyrenäen bis Sibirien und Nordamerika reicht. Und ob der Untergrund nun kalkreich oder kalkarm ist, spielt für sie auch keine Rolle, sie scheint sich überall wohlzufühlen. Ihr europäischer Höhenrekord liegt in den Ostalpen. Es ist mit 2.550 m Seehöhe das Rotmoostal in den Ötztaler Alpen Nordtirols.

Korallenwurz, Corallorhiza trifida

Wandervorschlag

Die Bärenschützklamm, eine der schönsten wasserführenden Felsenklammen Österreichs, wurde wegen ihrer einmaligen Naturschätze im Jahre 1978 zum Naturdenkmal erklärt.

Unser Weg beginnt beim Parkplatz Bärenschütz und schon nach wenigen Gehminuten tosen auf der gegenüberliegenden Hangseite, eingebettet in die Grüntöne des Waldes, die schäumenden Wasser des Kaskadenfalls über viele Stufen in den Mixnitzbach. Das Naturschauspiel ist ein Phänomen des Karstes, worunter Geologen die Auslaugung des Gesteins durch Wasser verstehen. Die Bärenschützklamm und ihre Umgebung bestehen aus Kalkgestein, welches durch Wasser relativ leicht löslich ist. Im Laufe von Jahrmillionen sind so unterirdische Schächte und Höhlen entstanden, durch die das Wasser wie in Kanälen dahinströmt. Besonders eindrucksvoll zeigt sich der Kaskadenfall im Frühjahr nach der Schneeschmelze, wenn die Quelle ungeheure Mengen an versickertem Schmelzwasser ausspeit.

Im Namen der Klamm klingt die eiszeitliche Vergangenheit der Region an,

Heilglöckel, Primula matthioli

Giftheil-Eisenhut, Aconitum anthora

Österr. Hoch-Rittersporn, Delphinium elatum subsp. austriacum

als hier noch Höhlenbären lebten. In der Drachenhöhle oberhalb von Mixnitz, wo die Bären ihren Winterschlaf hielten, entdeckte man Knochen und Zähne der vorgeschichtlichen Bären, die vor etwa 12.000 Jahren ausgestorben sein dürften. Die Klamm wurde bereits im Jahr 1901 durch eine Steiganlage, die nach einem verheerenden Hochwasser gegen Ende der 1990er-Jahre fast vollständig neu gebaut werden musste, touristisch erschlossen. Die beeindruckende Konstruktion ist insgesamt 1.400 Meter lang und überwindet mittels 2.900 Sprossen, 115 Brücken und 49 Leitern einen Höhenunterschied von 350 Metern. Das erste Drittel des Weges führt durch den spektakulärsten Abschnitt der Schlucht. Wuchtig türmen sich die senkrechten Kalkwände in die Höhe und zwängen den am Grund mit ohrenbetäubendem Tosen dahinstürzenden Wildbach in sein enges,

Voralpen-Immergrün-Felsenblümchen, Draba aizoides subsp. beckeri

Lauch-Scheibenschötchen, Peltaria alliacea

Steiermark-Lungenkraut, Pulmonaria stiriaca

Woll-Königskerze, *Verbascum alpinum*

Weiß-Nachtviole, *Hesperis matronalis* subsp. *candida*

Steiermark-Kuhschelle, *Pulsatilla styriaca*

unruhiges Bett. Immer wieder wechseln gischtsprühende Wasserfälle mit tief ausgeschürften Gumpen. Später rücken die Felsen näher zusammen und die Schlucht verengt sich zu einer Klamm. In botanischer Hinsicht ist die Klamm Zufluchtsort zahlreicher Pflanzen. Während der Eiszeit sind Reliktpflanzen aus höheren Lagen in die Klamm „geflüchtet", nach der Eiszeit sind wärmeliebende Arten aus dem Süden und Südosten eingewandert und heute wachsen sie in der Klamm oft unmittelbar nebeneinander.

An den gegenüberliegenden, steilen Felswänden wächst mit einem Kalkfels-Lindenwald eine naturkundliche Rarität. Wahrscheinlich ein Relikt aus der nacheiszeitlichen Wärmezeit. In diesem Bereich kommen mit Sommer-Linde, *Tilia platyphyllos*, Stink-Wacholder, *Juniperus sabina* und Eibe, *Taxus baccata*, drei Gehölzarten an ihrem natürlichen Standort vor, die meist nur mehr in Gärten oder Parks zu sehen sind.

Oberhalb der Klamm weitet sich das Feld und beim „Guten Hirten" ist aus der wilden eine liebliche Landschaft geworden, noch dazu eine kulinarische, denn ein Stück weiter bei Schüsserlbrunn ist schon die nächste Einkehrmöglichkeit – und das in geradezu fantastischer Lage. Nicht nur der freie Blick zum Rennfeld begeistert, sondern mit etwas Glück kann man hier in den steilen Nordwänden auch Steinböcke entdecken. Die Ahnen dieser Tiere stammten aus dem Nationalpark Engadin in der Schweiz, wurden zur Mitte des vorigen Jahrhunderts hierher übersiedelt und haben sich seither deutlich vermehrt.

Botanisch fällt das häufige Auftreten des Heilgöckels, *Primula matthioli*, auf. Diese eigentlich seltene Alpenblume kommt hier am Westhang des Hochlantsch geradezu häufig vor und oben im Gipfelbereich überraschen Blumen, die mehr von den höheren Bergen der Nordostalpen bekannt sind, wie etwa die Östliche Gletscher-Gamswurz, *Doronicum glaciale* subsp. *calcareum*, oder das Widder-Kohlröschen, *Nigritella widderi*.

Blick von der Sommeralm zum Hochlantsch

Gemächlich geht's nun abwärts zur Teichalmhütte und entlang des Mixnitzbaches wieder zurück zum „Guten Hirten". Neben der Korallenwurz, die im gesamten Hochlantsch-Gebiet zerstreut vorkommt, auch in einer rein weißlichen Form, lassen sich hier so seltene Blumen wie der Österreich-Rittersporn, *Delphinium elatum* subsp. *austriacum*, entdecken. Um die Steige der Klamm zu umgehen, empfiehlt sich bergab der Hans-Prügel-Weg bis zur Schwaigeralm. Hier lassen sich weitere interessante Pflanzen wie das Lauch-Scheibenschötchen, *Peltaria alliacea* (ein köstliches Wildgemüse), oder die Steiermark-Nabelmiere, *Moehringia bavarica* (unterhalb der Schwaigeralm auf Kalkfelsen), entdecken.

Im weiten Bereich der Bärenschützklamm kommen rund 600 Arten von Blüten- und Farnpflanzen vor. Einige davon sind Seltenheiten, wie der Gegengift-Eisenhut, *Aconitum anthora*, die Anemonen-Schmuckblume, *Callianthemum anemonoides*, oder der Host-Steinbrech, *Saxifraga hostii*.

Wildes Wasser in der Bärenschützklamm

Im Gebiet von Hochlantsch und Bärenschützklamm zu finden

Breitblatt-Waldvöglein, Cephalanthera damasonium

Purpur-Waldvöglein, Cephlanthera rubra

Fuchs-Fingerwurz, Dactylorhiza fuchsii

Breitblatt-Fingerwurz, Dactylorhiza majalis

Holunder-Fingerwurz, Dactylorhiza sambucina

Hohlzungen-Fingerwurz, Dactylorhiza viridis

Rot-Ständelwurz, Epipactis atrorubens

Grün-Ständelwurz, Epipactis helleborine

Mücken-Händelwurz, Gymnadenia conopsea fo. albiflora

Einblatt-Weichständel, Malaxis monophyllos

Vogel-Nestwurz, Neottia nidus-avis

Groß-Zweiblatt, Neottia ovata

Österreich-Kohlröschen, Nigritella austriaca

Zweifarben-Kohlröschen, Nigritella bicolor

Widder-Kohlröschen, Nigritella widderi

Fliegen-Ragwurz, Ophrys insectifera

Prächtiges Manns-Knabenkraut, Orchis mascula subsp. speciosa

Weiß-Waldhyazinthe, Platanthera bifolia

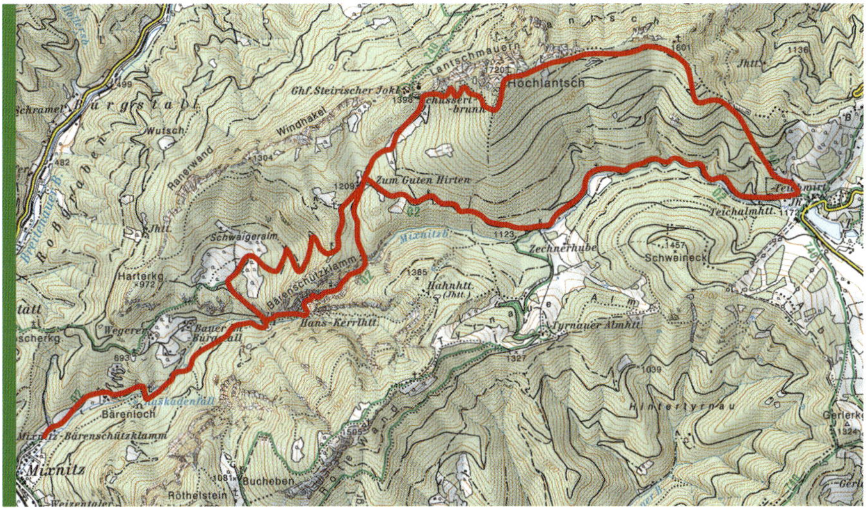

Pflanzenbesonderheiten: Giftheil-Eisenhut, *Aconitum anthora*; Hybride aus *Asplenium lepidum* × A. *trichomanes*; Windröschen-Schmuckblume, *Callianthemum anemonoides*; Voralpen-Immergrün-Felsenblümchen, *Draba aizoides* subsp. *beckeri*; Weiße Nachtviole, *Hesperis matronalis* subsp. *candida*; Steiermark-Nabelmiere, *Moehringia bavarica*; Lauch-Scheibenschötchen, *Peltaria alliacea*.

Blumenpracht: Milchweiß-Mannsschild, *Androsace lactea*; Österreich-Rittersporn, *Delphinium elatum* subsp. *austriacum*; Heilglöckel, *Primula matthioli*; Steiermark-Kuhschelle, *Pulsatilla styriaca*; Woll-Königskerze, *Verbascum alpinum*.

Beste Orchideenzeit: Ende Mai – Ende Juli, für die Korallenwurz Anfang Juni – Anfang Juli

Anspruch: hoch

Bergauf: 1.277 m

Gehzeit: 6,5 Std. (hin und zurück; die Klamm ist von 1. Mai bis 31. Oktober geöffnet)

Anreise: Von Wien auf der A2 bis zum Knoten Seebenstein, die S6 bis Bruck an der Mur, weiter die S35 in Richtung Graz, bei der Abfahrt Mixnitz die Schnellstraße verlassen und der Beschilderung „Mixnitz – Bärenschützklamm" folgen.

Von Graz auf der A9 bis zum Knoten Peggau, dann die S35 bis zur Abfahrt Mixnitz, weiter wie oben.

Öffentliche Verkehrsanbindung: Mit der Bahn S1 von Graz bzw. Bruck/Mur oder den Buslinien 100 und 167 bis zum Bahnhof Mixnitz-Bärenschützklamm.

Weitere Freizeitangebote und botanische Ziele im Gebiet:

- Moorlehrpfad auf der Teichalm
- Naturdenkmal Drachenhöhle (Höhleninneres ist nur im Zuge einer Führung zu besichtigen)
- kulinarische Angebote bei Almenland-Wirten und Direktvermarktern
- Friesenkogel auf der Teichalm (Steiermark-Kohlröschen, *Nigritella stiriaca*; Widder-Kohlröschen, *N. widderi*, usw.)
- Hohenauer Ochsenhalt (Kamm-Hundswurz, *Anacamptis pyramidalis*; Hybride aus Manns-Knabenkraut, *Orchis mascula* subsp. *speciosa*, und Bleich-Knabenkraut, *O. pallens*, usw.)
- Rote Wand (Giftheil-Eisenhut, *Aconitum anthora*; Kanten-Wolfsmilch, *Euphorbia angulata*; Lauch-Scheibenschötchen, *Peltaria alliacea*; usw.)

Die Prächtigen Manns-Knabenkräuter der Ochsenhalt

Prächtiges Manns-Knabenkraut

Orchis mascula subsp. speciosa

Leicht könnte man eine Verherrlichung der Männer in diesem Namen sehen. Doch Entwarnung, der Artname stammt aus einer Zeit, als die Botanik noch in den Kinderschuhen steckte. Damals unterteilte man Pflanzen gerne in männlich und weiblich und so war diese Knabenkraut-Art wegen ihrer stattlichen Statur das Männchen und die Mücken-Händelwurz aufgrund ihrer zarteren Figur das weibliche Gegenstück. Der Unterartenname *speciosa* bezieht sich auf die in Spitzen ausgezogenen Blütenblätter, die dadurch besonders hübsch erscheinen.

Verbreitet ist das Manns-Knabenkraut in sechs Unterarten von den Kanaren und Norwegen bis zum Ural. In den Ostalpen kommen zwei Unterarten und deren Übergänge vor.

Manns-Knabenkraut

Wandervorschlag

Die Sommer- und Teichalm nordöstlich von Graz sind das Herzstück des jüngsten steirischen Naturparks, des Naturparks Almenland. Er bietet auf einer Fläche von 253 km² Kultur- und Naturlandschaft in vielfältiger Form. Das subalpine Weideland stellt das größte Almgebiet ohne Anschluss an ein Hochgebirge in Mitteleuropa dar. Soweit die Superlative aus dem Touristenführer. Für uns Blumenfreunde ist aber eine andere Superlative bedeutsam: Fünf Kohlröschen-Arten (*Nigritella austriaca, N. bicolor, N. rubra, N. stiriaca* und *N. widderi*) sind von hier bekannt und verschiedene Fingerwurz-Sippen (*Dactylorhiza fuchsii, D. incarnata, D. majalis, D. sambucina, D. traunsteineri, D. viridis*) und mehrere Kreuzungen untereinander. Sogar den Zwergständel, *Chamorchis alpina*, konnte Josef Weinzettl hier auf den Almen entdecken.

Vielfalt des Manns-Knabenkrautes

Mitten drin in diesem Almenland liegt die Hohenauer Ochsenhalt mit einer kleinen, entzückenden, unbewirtschafteten Hütte, die offensteht und den Weitwanderern Schlafstätte und Getränke bereithält. Um die Hütte herum befindet sich eine 30 Hektar große Weide, Heimat für viele prächtige Orchideen und zwei Besonderheiten: *Orchis ×haussknechtii* nsubsp. *kisslinii*, die Hybride aus Bleich-Knabenkraut × Prächtigem Manns-Knabenkraut, und *Dactylorhiza ×ruppertii*, die Hybride aus Breitblatt-Fingerwurz × Holunder-Fingerwurz. Die Kreuzungen sind besonders hübsch, weil sich hier jeweils eine gelbe und eine purpurn blühende Orchideenart kreuzen und diese dann immer besonders farbenfroh sind. Benannt ist die eine Kreuzung zu Ehren des deutschen Botanikers Carl Haussknecht (1838–1903), der vor allem im Nahen Osten forschte und nach dem mehrere Dut-

Alle helfen mit

zend Pflanzenarten benannt wurden. Die Hybridunterart ehrt den niederösterreichischen pflanzenbegeisterten Pater Benedikt Johannes Kissling, den Entdecker der Sippe. Die andere Kreuzung, die erst seit 2013 von der Ochsenhalt bekannt ist, ehrt den deutschen, blumenbegeisterten Apotheker Josef Ruppert (1864–1935) aus dem Saarland.

Der Wanderweg beginnt am Waldrand nördlich von Hohenau an der Raab in einem artenreichen Rotföhren-Fichten-Wald, wo bereits Schmalblatt-Waldvöglein, *Cephalanthera longifolia*, Kurzblatt-Ständelwurz, *Epipactis distans*, Frauenschuh, *Cypripedium calceolus*, und Weiß-Waldhyazinthe, *Platanthera bifolia*, für ein erstes Finderglück sorgen. Nach etwa einer halben Stunde lichtet sich der Wald, ein paar Lärchen noch und schon eröffnet sich der Blick auf die Ochsenhalt. Prächtige Manns-Knabenkräuter, *Orchis mascula* subsp. *speciosa*, Holunder-Fingerwurz, *Dactylorhiza sambucina*, und einige weitere mehr geben sich hier zum Besten. Acht Eigentümer hat die Ochsenhalt und alle sorgen durch ihre sorgsame Pflege, durch Schwendung, Verzicht von Dünger, den richtigen Viehbesatz und viel Handarbeit dafür, dass dieses Kleinod erhalten bleibt.

Auf der Ochsenhalt zu finden

Echt-Akelei, Aquilegia vulgaris

Alpen-Zyklame, Cyclamen purpurascens

Breitblatt × Holunder-Fingerwurz, Dactylorhiza ×ruppertii

Feuer-Lilie, Lilium bulbiferum

Prächtiges Manns-Knabenkraut × Bleich-K., Orchis ×hausskechtii nsubsp. kisslingii

Woll-Königskerze, Verbascum alpinum

Lauch-Scheibenschötchen, Peltaria alliacea

Braun-Storchschnabel, Geranium phaeum

Frühlings-Enzian, Gentiana verna

Orchideen

Kamm-Hundswurz, Breitblatt-Waldvöglein, Schmalblatt-Waldvöglein, Korallenwurz, Frauenschuh, Fuchs-Fingerwurz, Fuchs-Fingerwurz × Breitblatt-Fingerwurz, Breitblatt-Fingerwurz, Breitblatt-Fingerwurz × Holunder-Fingerwurz, Holunder-Fingerwurz, Hohlzungen-Fingerwurz, Rot-Ständelwurz, Kurzblatt-Ständelwurz, Grün-Ständelwurz, Mücken-Händelwurz, Einblatt-Weichständel, Vogel-Nestwurz, Groß-Zweiblatt, Fliegen-Ragwurz, Prächtiges Manns-Knabenkraut, Prächtiges Manns-Knabenkraut × Bleich-Knabenkraut, Helm-Knabenkraut, Bleich-Knabenkraut, Weiß-Waldhyazinthe, Weißzüngel, Kugelständel.

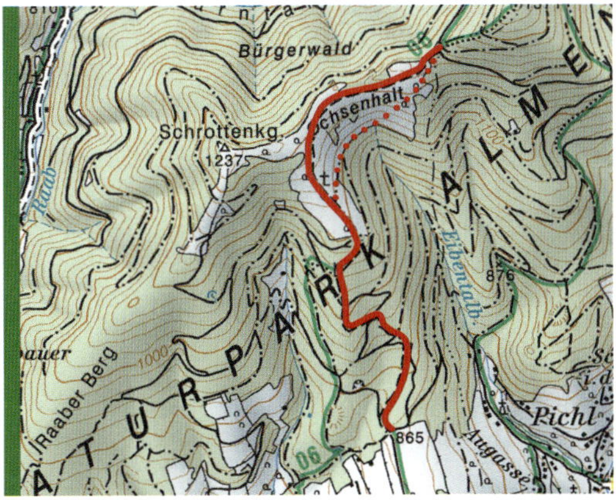

Pflanzenbesonderheiten: Kamm-Hundswurz, *Anacamptis pyramidalis*; Kreuzung aus Breitblatt-Fingerwurz × Holunder-Fingerwurz, *Dactylorhiza ×ruppertii*; Labkraut-Sommerwurz, *Orobanche caryophyllacea*; Lauch-Scheibenschötchen, *Peltaria alliacea*; Grünblüten-Wintergrün, *Pyrola chlorantha*; Woll-Königskerze, *Verbascum alpinum*.

Blumenpracht: Echt-Akelei, *Aquilegia vulgaris*; Wald-Glockenblume, *Campanula persicifolia*; Alpen-Zyklame, *Cyclamen purpurascens*; Woll-Kratzdistel, *Cirsium eriophorum*; Kreuz-Enzian, *Gentiana cruciata*; Braun-Storchschnabel, *Geranium phaeum*; Feuer-Lilie, *Lilium bulbiferum*; Kugel-Teufelskralle, *Phyteuma orbiculare*.

Beste Orchideenzeit: Mitte Mai – Ende Juni, ebenso für das Prächtige Manns-Knabenkraut.

Anspruch: mittel

Bergauf: ca. 340 m

Gehzeit: 1,5 Std. (hin und zurück)

Anreise: Von Graz auf der A2 bis Gleisdorf West, dann die B64 bis Auen, knapp vor Passail, rechts hinein bis Kriechenlee und Hohenau an der Raab. Nach der „Ortsmitte" scharf links die Schotterstraße bis zum Waldrand. Dort gibt es einen Parkplatz für ein paar Fahrzeuge.

Öffentliche Verkehrsanbindung: Mit der Bus-Linie 160 von Graz-Lendplatz bis Passail oder mit dem Bus von der Post in Weiz bis Passail. Dann zu Fuß oder mit dem Taxi (z. B. Taxi Greimel +43/3179-23777, Taxi Temmel +43/3179-23723, Taxi Niederl +43/3179-23229).

Weitere Freizeitangebote und botanische Ziele im Gebiet:

- Käserei im Franz-Leopold-Stollen des Arzberger Silberbergs
- Lurgrotte zwischen Semriach und Peggau (größte aktive Wasserhöhle Österreichs)
- Almenland-Kräutergarten in Passail
- Tropfsteinhöhlen Katerloch und Grasslhöhle in Dürntal östlich von Arzberg
- Raabklamm (Hopfenbuche, *Ostrya carpinifolia*; Lauch-Scheibenschötchen, *Peltaria alliacea*; Jura-Braunwurz, *Scrophularia juratensis*; usw.)

Die Kamm-Hundswurz am Gippel

Kamm-Hundswurz

Anacamptis pyramidalis

Lange Zeit galt die Gattung *Anacamptis* als monotypisch – was bedeutet, dass außer dieser Kamm-Hundswurz keine andere Art mehr der Orchideengattung angehörte. Ende des vergangenen Jahrhunderts aber forschten englische und deutsche Wissenschaftler an der Gattung *Orchis* mit dem Ergebnis, dass heute *Anacamptis* elf Arten zählt und dass so manche gemeldete Hybride erst dadurch nachvollziehbar wurde.

Das Verbreitungsgebiet der Art ist groß und reicht von Irland und Marokko bis Estland und Turkmenistan. In den Ostalpen steigt sie bis etwa 1.700 m Seehöhe hoch und besiedelt hier vor allem magere, kalkreiche Wiesen, Böschungen und Waldränder.

Kamm-Hundswurz

Wandervorschlag

Ein Berg mit vielen Gesichtern und einer markanten Felsnase, so könnte man den Gippel kurz beschreiben. Und trotz seiner nicht ganz so beeindruckenden Höhe von 1.669 m beherbergt er eine reiche Zahl an Alpenpflanzen, die in den Nordostalpen endemisch sind, und zumindest 20 Orchideenarten.

Der Aufstieg unserer Orchideenwanderung beginnt in Weißenbach beim Zögernitzhof auf 640 m und führt über den Ursprungkogel, 959 m, und den Treibsteig zum Gippeltörl, von wo die Schneealpe und der Sonnleitstein, aber auch die im Sommer an Wochenenden bewirtschaftete Gippelalm, 1.500 m, entgegenlachen. Der Weg dorthin durchquert immer wieder lichte Rotföhren-Wälder und Schneeheide-Fluren, in denen sich die Kamm-Hundswurz wohlfühlt. Vom Gippeltörl ist es nicht mehr weit zum Gipfelkreuz auf 1.669 m oder man umgeht den Gippel-Gipfel über den Majevski-Steig, bei dem es sich tatsächlich nicht mehr als um einen Steig handelt und der vor allem

Mannigfaltigkeit der Kamm-Hundswurz

für Fährtensucher interessant sein wird. Trotzdem ist dieser Steig dem etwas ausgesetzten Bergrettungssteig vorzuziehen. Benannt ist der Weg nach Roman Majevski (1923–1984), der von 1945–1967 dem Alpenverein St. Pölten vorstand und der dem elitären Österreichischen Alpenklub angehörte.

Auf der Hofalm, umgeben von duftenden Zweifarben-Kohlröschen, *Nigritella bicolor,* lässt sich´s gut einkehren. Einmal hörten wir von hier ein jämmerliches Wehklagen. Eine Wandergruppe versuchte, Heimatlieder zum Besten zu geben. Die einen konnten nicht singen, wollten aber, die anderen, die vielleicht konnten, wollten nicht – und textsicher war wohl keiner von ihnen. So mussten wir eben aushelfen und ehe wir es uns versahen, war der Gastgarten menschenleer. Wahrscheinlich mussten alle schon aufbrechen, denn der Abstieg nach Kern-

Karpaten-Miere, Minuartia langii

Österreich-Glockenblume, Campanula pulla

Feuer-Lilie, Lilium bulbiferum

hof war noch weit und der Stundenzeiger stand schon auf Mittag.

Knapp vor Kernhof, wo hoffentlich ein zweites, zuvor hier geparktes Auto auf die müden Wanderer wartet, erfreut noch ein hübsches Nelkengewächs, die Karpaten-Miere, *Minuartia langii*, mit ihren großen, strahlendweißen Sternblüten.

Bläuliche Ähren-Teufelskralle, Phyteuma spicatum subsp. coeruleum

Lorbeer-Seidelbast, Daphne laureola

Östliche Gletscher-Gamswurz, Doronicum glaciale subsp. calcareum

Orchideen des Gippels

Pyramiden-Hundswurz, Anacamptis pyramidalis

Schmalblatt-Waldvöglein, Cephalanthera longifolia

Purpur-Waldvöglein, Cephalanthera rubra

Korallenwurz, Corallorhiza trifida

Fuchs-Fingerwurz, Dactylorhiza fuchsii

Breitblatt-Fingerwurz, Dactylorhiza majalis

Hohlzungen-Fingerwurz, Dactylorhiza viridis

Rot-Ständelwurz, Epipactis atrorubens

Grün-Ständelwurz, Epipactis helleborine

Kriech-Netzblatt, Goodyera repens

Mücken-Händelwurz, Gymnadenia conopsea

Duft-Händelwurz, Gymnadenia odoratissima

Einblatt-Weichständel, Malaxis monophyllos

Vogel-Nestwurz, Neottia nidus-avis

Groß-Zweiblatt, Neottia ovata

Zweifarben-Kohlröschen, Nigritella bicolor

Fliegen-Ragwurz, Ophrys insectifera

Prächtiges Manns-Knabenkraut, Orchis mascula subsp. speciosa

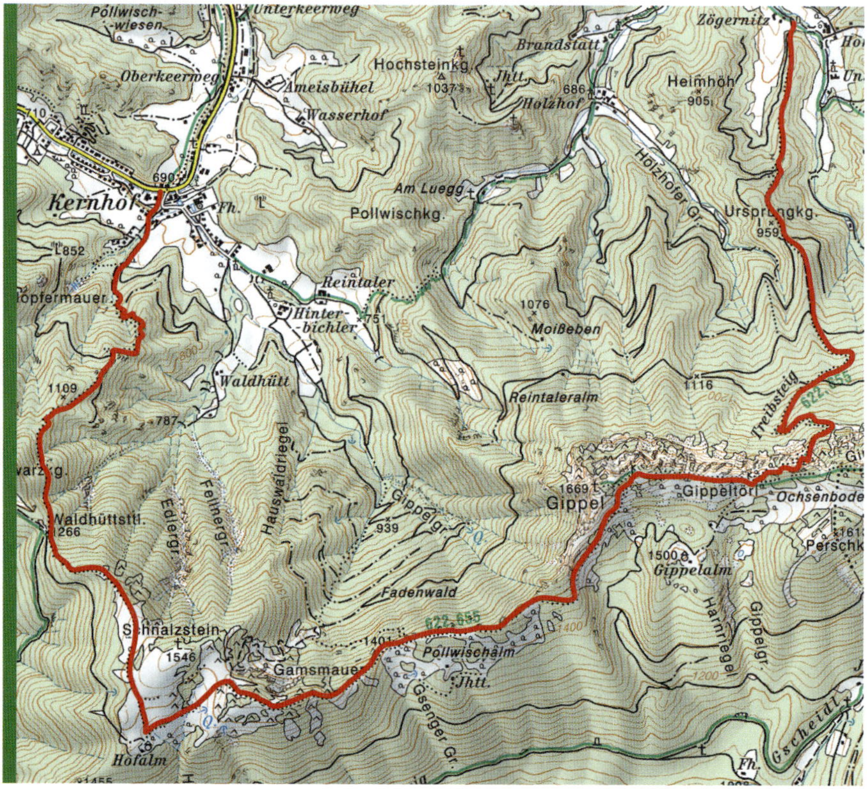

Pflanzenbesonderheiten: Glocken-Lauch, *Allium oleraceum*; Trauben-Pippau, *Crepis praemorsa*; Lorbeer-Seidelbast, *Daphne laureola*; Östliche Gletscher-Gamswurz, *Doronicum glaciale* subsp. *calcareum*; Ostalpen-Täschelkraut, *Noccaea crantzii*; Holunderblatt-Baldrian, *Valeriana officinalis* subsp. *sambucifolia*; Berg-Ehrenpreis, *Veronica montana*.

Blumenpracht: Kamm-Hundswurz, *Anacamptis pyramidalis*; Purpur-Waldvöglein, *Cephalanthera rubra*; Feuer-Lilie, *Lilium bulbiferum*; Zweifarben-Kohlröschen, *Nigritella bicolor*; Karpaten-Miere, *Minuartia langii*; Blaue Ähren-Teufelskralle, *Phyteuma spicatum* subsp. *coeruleum*.

Beste Orchideenzeit: Anfang Juni – Ende Juli, für die Kamm-Hundswurz Ende Juni – Ende Juli

Gehzeit: 6 Std.

Bergauf: 1.048 m

Anspruch: hoch

Anreise: Von St. Pölten über die B 20, die B214 und die B21 bis St. Aegyd, dann zur alten Landstraße ins Weißenbachtal einbiegen und bis zum Zögernitzhof fahren. Ein zweites Fahrzeug nach Möglichkeit in St. Aegyd abstellen.

Öffentliche Verkehrsanbindung: Mit dem Bus 1545 von St. Pölten Hauptbahnhof bis St. Aegyd, dann zu Fuß oder mit dem Taxi (z. B. Taxi Schweiger +43/2768-6843) bis zum Zögernitzhof.

Weitere botanische und kulturelle Sehenswürdigkeiten des Gebiets:

- Kameltheater und Weißer Zoo in Kernhof
- Stift und Zdarsky-Skimuseum in Lilienfeld (bei der An- oder Abreise Richtung von/nach St.Pölten)
- Kernhofer Gscheid (Kamm-Hundswurz, *Anacamptis pyramidalis*; Österreich-Wolfsmilch, *Euphorbia austriaca*; Knoten-Mastkraut, *Sagina nodosa*; Stern-Narzisse, *Narcissus radiiflorus*, usw.)

Überblick über heimische Primeln

Aurikel, Primula auricula

Aurikel × Clusius-P., P. auricula × clusiana

Aurikel × Leim-P., P. auricula × hirsuta

Clusius-Primel, Primula clusiana

Wald-Primel, Primula elatior

Wald × Arznei-P., P. elatior × veris

Wald × Erd-Primel, P. elatior × vulgaris

Mehl-Primel, Primula farinosa

Kleb-Primel, Primula glutinosa

Haller-Primel, Primula halleri

Leim-Primel, Primula hirsuta

Ganzrand-Primel, Primula integrifolia

Heilglöckel, Primula matthioli

Zwerg-Primel, Primula minima

Zwerg × Wulfen-P., P. minima × wulfeniana

Arznei-Primel, Primula officinalis

Arznei × Erd-P., P. veris × vulgaris

Zotten-Primel, Primula villosa

Erd-Primel, Primula vulgaris

Wulfen-Primel, Primula wulfeniana

Niederösterreich – Gutensteiner Alpen

Die Holunder-Fingerwurz auf der Reisalpe

Holunder-Fingerwurz

Dactylorhiza sambucina

45 Arten umfasst die Gattung der Fingerwurze, von denen 34 in Europa und neun in den Ostalpen vorkommen. Mannigfaltigkeitszentren sind Kleinasien, der Balkan, die Alpen und die Britischen Inseln.

Der Name Holunder-Fingerwurz beruht auf einen Irrtum, denn die Art sieht weder wie ein Holunder aus noch duftet sie nach Holunder. Sehr wohl riecht aber das ähnliche Bleich-Knabenkraut, *Orchis pallens*, mit dem die Fingerwurz wohl verwechselt wurde, nach Holler. Aufgrund der geltenden Nomenklaturregeln muss aber der botanische Name aufrecht bleiben.

Die Holunder-Fingerwurz gibt es in zwei Farbformen, einer purpurnen und einer gelben und allen möglichen Mischformen. Dass dies kein Zufall ist, zeigen die Bestäuber. Insekten fliegen die Pflanze an, obwohl diese keinen Nektar führt. Erfahrungsgemäß lernen die Bestäuber nach mehreren erfolglosen Besuchen nektarleere Blüten zu meiden. Diese Lernfähigkeit der Bestäuber wird durch verschiedenfarbige Blüten ausgeglichen, wodurch die Insekten zum wechselweisen Besuch verschiedenfarbiger Fingerwurze verleitet werden.

Holunder-Fingerwurz

Wandervorschlag

Die wohl bekannteste Blume der Reisalpe ist keine Orchidee, sondern eine Pfingstrose, genauer gesagt die Korallen-Pfingstrose, *Paeonia mascula*. Ihren Namen „mascula" hat sie aufgrund ihrer grob zerteilten Blattabschnitte. Das Pendant dazu ist die zweite im südlichen Mitteleuropa vorkommende Art, die Echt-Pfingstrose, *P. officinalis*. Diese hieß früher wegen ihrer fein zerteilten Blattzipfeln *P. femina*. Solche Unterteilungen in weiblich und männlich waren früher keine Seltenheit und Teile dieser Benennungen spiegeln

Mannigfaltigkeit der Holunder-Fingerwurz

sich auch heute noch in den Namen der Pflanzen wider.

Bernhard Baumgartner erzählt die Entdeckungsgeschichte dieser Pfingstrose auf der Reisalpe. Es war der damalige Rauchfangkehrermeister Kram, der beim Rumpelbauer in Innerhalbach am Südhang der Reisalpe den Kehrdienst versah und dabei die Entdeckung machte. Kram erzählte dies dem blumenbegeisterten St. Veiter Gemeindearzt Otto Hausleitner und schon bald waren Botaniker aus Wien vor Ort, um die „wilden" Pfingstrosen der Reisalpe zu erschauen. Wahrscheinlich handelt es sich um Auswilderungen, denn auch hier auf der Reisalpe wachst die Schönheit nur, wo ehemals Holzarbeiterhütten standen. Die „Gichtrose" fand früher in der Volksheilkunde Anwendung gegen Rheuma, Gicht und Atemwegserkrankungen.

Eine Orchideenwanderung auf die Reisalpe steht heute am Programm und

schon in den Wiesen um den Parkplatz Ebenwaldhöhe finden sich die ersten Exemplare unserer Begierde. Aber weil die anderen so hastig weglaufen und scheinbar schon die Grammelknödel der Wirtin in der Nase haben, gibt's vorab nur einen flüchtigen Blick auf die Blütenwunder hier.

Erstes Ziel ist der Hochstaff, 1.305 m. Es ist ein unmarkierter, recht unscheinbarer Vorberg der Reisalpe, der es aber botanisch in sich hat. Breitblatt-Glockenblume, *Campanula latifolia*, Niederösterreich-Glockenblume, *Campanula beckiana*, Langblatt-Golddistel, *Carlina biebersteinii*, Ostalpen-Enzian, *Gentiana pannonica*, Zungen-Mäusedorn, *Ruscus hypoglossum*, und Stechpalme, *Ilex aquifolium*, stellen sich hier ein. Wirft man einen Blick vom Gipfel ins Land, dann weiß man, warum man die Heimat so liebt. Über die Kleinzeller Hinteralm, 1.012 m, mit ihren imposanten Buchen, Bergahornen, Fichten, Tannen und Lärchen, die dieser Alm ein besonderes Flair verleihen, geht's weiter auf den Gipfel der Reisalpe, 1.399 m. Erstaunlich, dass sich hier Murmeltiere angesiedelt haben – wohl eine nicht ganz so geländegängige Rasse.

Zwischen Schutzhaus und der südlich gelegenen Brennalm auf 988 m wird es wieder besonders orchideenreich. Die Literatur kennt von hier ganz abwegige Hybriden aus Fuchs-Fingerwurz, *Dactylorhiza fuchsii*, mit Manns-Knabenkraut, *Orchis mascula*, und Holunder-Fingerwurz, *Dactylorhiza sambucina*, mit Manns-Knabenkraut. Diese Kreuzungen gehören natürlich ins Reich der Falschbestimmungen, eigenartige Formen der genannten Orchideen kommen hier aber wirklich vor.

Der Abstieg führt über den Rumpelhof zur Kumpfmühle im Halbachtal, wo hoffentlich ein zweites Auto auf die müden Wanderer wartet. Das Auto auf der Ebenwaldhöhe muss aber noch geholt werden und jetzt findet sich Zeit, diese landschaftliche Wohltat genauer zu erkunden. Magerweiden, Sumpfwiesen, Wirtschaftswiesen, Mischwälder, Buchenwälder,

Niederösterreich-Glockenblume, Campanula beckiana

Korallen-Pfingstrose, Paeonia mascula

Breitblatt-Glockenblume, Campanula latifolia

Fichtenforste und Kalkfelsen wechseln sich hier kleinräumig ab und sorgen so für ein artenreiches, harmonisch-abwechslungsreiches Landschaftsbild.

Im Mai blühen hier auf der Ebenwaldhöhe unzählige Holunder-Fingerwurze, *Dactylorhiza sambucina*, Hohlzungen-Fingerwurze, *Dactylorhiza viridis*, und Prächtige Manns-Knabenkräuter, *Orchis mascula* subsp. *speciosa*. Als Besonderheit findet sich hier die Hybride aus Breitblatt-Fingerwurz, *Dactylorhiza majalis*, mit Holunder-Fingerwurz, *D. sambucina*. Vor allem, wenn die gelbe Farbvariante beteiligt war, widerfährt dem Entdecker unweigerlich ein Glücksmoment.

Reisalpe

Äußerst selten und angeblich auf der Reisalpe: Holunder-Fingerwurz x Hohlzungen-Fingerwurz

Kreuzungen der Holunder-Fingerwurz in den Ostalpen

Fuchs-Fingerwurz, Dactylorhiza fuchsii

Holunder-Fingerwurz, Dactylorhiza sambucina

Hybride aus Fuchs- × Holunder-Fingerwurz

Fleisch-Fingerwurz, Dactylorhiza incarnata

Holunder-Fingerwurz, Dactylorhiza sambucina

Hybride aus Fleisch- × Holunder-Fingerwurz

Breitblatt-Fingerwurz, Dactylorhiza majalis

Holunder-Fingerwurz Dactylorhiza sambucina

Hybride aus Breitblatt- × Holunder-Fingerwurz

Orchideen des Reisalpen-Gebiets

Kamm-Hundswurz, Breitblatt-Waldvöglein, Schmalblatt-Waldvöglein, Purpur-Waldvöglein, Korallenwurz, Frauenschuh, Fuchs-Fingerwurz, Fuchs-Fingerwurz × Breitblatt-Fingerwurz, Breitblatt-Fingerwurz, Breitblatt-Fingerwurz × Holunder-Fingerwurz, Holunder-Fingerwurz, Hohlzungen-Fingerwurz, Rot-Ständelwurz, Grün-Ständelwurz, Mücken-Händelwurz, Brand-Keuschständel, Vogel-Nestwurz, Groß-Zweiblatt, Fliegen-Ragwurz, Prächtiges Manns-Knabenkraut, Prächtiges Manns-Knabenkraut × Bleich-Knabenkraut, Bleich-Knabenkraut, Weiß-Waldhyazinthe, Grünlich-Waldhyazinthe, Weißzüngel, Kugelständel.

Pflanzenbesonderheiten: Niederösterreich-Glockenblume, *Campanula beckiana*; Langblatt-Golddistel, *Carlina biebersteinii* subsp. *biebersteinii*; Voralpen Immergrün-Felsenblümchen, *Draba aizoides* subsp. *beckeri*; Zungen-Mäusedorn, *Ruscus hypoglossum*.

Blumenpracht: Breitblatt-Glockenblume, *Campanula latifolia*; Holunder-Fingerwurz, *Dactylorhiza sambucina*; Korallen-Pfingstrose, *Paeonia mascula* (eingebürgert).

Anreise: Von Wien bzw. St. Pölten kommend auf der B18 Triestingtal/Gölsentalstraße bis Rainfeld, dann nach Süden bis Kleinzell. In der Ortsmitte dem beschilderten Straßenverlauf zur Ebenwaldhöhe folgen.

Öffentliche Verkehrsanbindung: Von St. Pölten mit dem Zug bis Hainfeld, dann mit der Buslinie 1554 bis Kleinzell. Dann zu Fuß oder mit dem Taxi bis Ebenwald (z. B. Taxi Zöchling, +43/2763-2297).

Gehzeit gesamt: 2,5 Std.

Bergauf: 470 m

Anspruch: mittel

Beste Orchideenzeit: Anfang Mai bis Ende Juni, für die Holunder-Fingerwurz Anfang Mai – Anfang Juni.

Weitere botanische und kulturelle Sehenswürdigkeiten des Gebiets:

- Freilichtmuseum Kalte Kuchl
- Halbachgscheid nördlich der Kalten Kuchl (Lappland-Fingerwurz, *Dactylorhiza lapponica*; Hybride Lappland × Breitblatt-Fingerwurz; usw.)
- Rossbachklamm nördlich der Kalten Kuchl (Karpaten-Miere, *Minuartia langii*; Rasen-Glockenblume, *Campanula cespitosa*; usw.)

Das Bleich-Knaben-kraut am Unterberg

Bleich-Knabenkraut

Orchis pallens

Einst beinhaltete die Gattung *Orchis* alles, was landläufig Knabenkraut genannt wird. Im vergangenen Jahrhundert wurde dann aber die Gattung Fingerwurz, *Dactylorhiza,* von *Orchis* abgetrennt. Man erkannte, dass die beiden Gattungen keine Hybriden bilden und nur äußerlich ähnlich sind. Vor einigen Jahren erkannten dann englische Botaniker, dass auch die verbliebenen Arten teilweise zu anderen Gattungen gehören, und so umfasst die Gattung Knabenkraut gegenwärtig nur mehr 21 Arten, von denen sechs die Ostalpen besiedeln.

Das Bleich-Knabenkraut ist dabei die erste heimische Orchidee im Jahr, die ihre zartgelben Blüten oft schon Mitte April öffnet, und wenn sie dann zusammen mit dem purpurrosa Manns-Knabenkraut vorkommt, gibt es oft wunderbar gefärbte Nachkommen aus diesen beiden Elternarten.

Bleich-Knabenkraut, Orchis pallens

Wandervorschlag

Der Unterberg in den niederösterreichischen Voralpen ist als gemütlicher Skiberg bekannt, kaum aber als Wander- oder Blumenberg. Wir haben den Unterberg schon gut 30 Mal bewandert, schon in der Schulzeit haben wir hier oben Orchideen gesucht. Mit dem Moped ist es damals von Neulengbach aus nach Süden gegangen. Die erste Anhöhe, die Klammhöhe, haben unsere Gefährte meist noch gut gemeistert, nur manchmal hat man halt mitlaufen müssen. Aber bei der Steigung von Adamstal rauchten die Vehikel meist schon ganz fürchterlich und dann mussten wir sie irgendwo stehen lassen und zu Fuß weiterpilgern. War auch egal, denn die Vorfreude, an diesem Tag Bleich-Knabenkraut, Holunder-Fingerwurz oder Rot-Ständelwurz zu sehen, überwog alles.

Heute mit dem Auto geht alles etwas einfacher. Am Sattel oberhalb Annental

Orchis-Arten Österreichs

Ohnsporn-Knabenkraut, Orchis anthropophora

Manns-Knabenkraut, Orchis mascula

Helm-Knabenkraut, Orchis militaris

lassen wir das Fahrzeug beim Bildstock stehen und schon hier in den Buchenwäldern Richtung Gehrerberg entdecken wir die erste Besonderheit – den Zungen-Mäusedorn, *Ruscus hypoglossum*. Er kommt in den Ostalpen nur an wenigen Orten in Niederösterreich, Oberösterreich, Slowenien und der Karnischen Provinz Italiens vor.

Wir gehen aber in die andere Richtung und folgen dem 622er–Wanderweg auf der Forststraße. Eben geht der Weg dahin, linksseitig ein artenreicher Rotföhren-Schneeheidewald mit Schneerosen, *Helleborus niger*, Schnee-Heide, *Erica carnea*, und Buchs-Kreuzblume, *Polygala chamaebuxus*, auch die prächtig-purpurne Varietät *grandiflora* ist darunter.

Nach dem Holzlagerplatz ist Schluss mit dem gemütlichen Spaziergang. Jetzt geht es durch den Föhrenwald bergauf zum Steinkamp und weiter zum Blochboden.

Purpur-Knabenkraut, Orchis purpurea

Spitzel-Knabenkraut, Orchis spitzelii

Bleich-Knabenkraut, Orchis pallens

Nick-Ringdistel, Carduus nutans

Silberdistel, Carlina acaulis

Kurzhaar-Kugel-Donarsbart, Jovibara globifera subsp. hirta

Es ist eine wunderbare Hochebene, dieser Blochboden. Eine extensive Kuhweide mit Orchideen (Holunder-Fingerwurz, Hohlzungen-Fingerwurz, Manns-Knabenkraut), Enzianen und Katzenpfötchen. Ein Ort zum Verweilen und Genießen, ein Ort, der die herrliche Berg-Einsamkeit mit den sanften Hügeln der niederösterreichischen Voralpen verbindet.

Dort, wo jetzt die Orchideen blühen, erstrahlen im Spätsommer Österreich-Kranzenzian, *Gentianella austriaca*, Kreuz-Enzian, *Gentiana cruciata*, und Woll-Kratzdistel, *Cirsium eriophorum*. Egal zu welcher Zeit, hier ist es immer schön.

Verschnauft geht's jetzt fast eben zur ganzjährig bewirtschafteten Unterberg-Hütte auf 1.170 m, die nur im Spätherbst für kurze Zeit geschlossen ist, und weiter hinauf zum Gipfel des Unterbergs auf 1.342 m. Hier blüht in den Felsen

Alpenostrand-Wachtelweizen, Melampyrum subalpinum

Labkraut-Sommerwurz, Orobanche caryophyllacea

Buchs-Kreuzblume, Polygala chamaebuxus var. grandiflora

die großblütige Unterart des Immergrün-Hungerblümchens, *Draba aizoides* subsp. *beckeri*, eine Sippe, die nur auf wenigen Bergen des nordöstlichen Alpenvorlandes zu finden ist.

Hinunter nehmen wir eine Abkürzung und folgen dem unmarkierten Pfad vom Gipfel direkt zum Blochboden und weiter den schon vom Raufgehen bekannten Weg steil durch den Buchenwald zum Steinkamp.

Zwar kann man das Bleich-Knabenkraut vereinzelt am gesamten Unterberg finden, die größte Chance ist aber hier im steilen Buchenwald zwischen Blochboden und Steinkamp gegeben.

Steinkamp des Unterbergs

Orchideen des Unterbergs

Schmalblatt-Waldvöglein, Cephalanthera longifolia

Purpur-Waldvöglein, Cephalanthera rubra

Korallenwurz, Corallorhiza trifida

Fuchs-Fingerwurz, Dactylorhiza fuchsii

Breitblatt-Fingerwurz, Dactylorhiza majalis

Holunder-Fingerwurz, Dactylorhiza sambucina

Hohlzungen-Fingerwurz, Dactylorhiza viridis

Rot-Ständelwurz, Epipactis atrorubens

Grün-Ständelwurz, Epipactis helleborine

Netzblatt, Goodyera repens

Mücken-Händelwurz, Gymnadenia conopsea

Vogel-Nestwurz, Neottia nidus-avis

Brand-Keuschständel, Neotinea ustulata subsp. ustulata

Sommer-Brand-Keuschständel, Neotinea ustulata subsp. aestivalis

Prächtiges Manns-Knabenkraut, Orchis mascula subsp. speciosa

Bleich-Knabenkraut, Orchis pallens

Weiß-Waldhyazinthe, Platanthera bifolia

Grünlich-Waldhyazinthe, Platanthera chlorantha

Pflanzenbesonderheiten: Niederösterreich-Glockenblume, *Campanula beckiana*; Voralpen-Immergrün-Felsenblümchen, *Draba aizoides* subsp. *beckeri*; Alpenostrand-Wachtelweizen, *Melampyrum subalpinum*; Zungen-Mäusedorn, *Ruscus hypoglossum*.

Blumenpracht: Blaugrüne Berg-Ringdistel, *Carduus defloratus* subsp. *glaucus*; Nick-Ringdistel, *Carduus nutans*; Feuer-Lilie, *Lilium bulbiferum*; Rotblatt-Rose, *Rosa glauca*.

Anreise: Von Wien bzw. St. Pölten kommend auf der B18 Triestingtal/Gölsentalstraße bis Hainfeld, dann nach Süden auf der L132 bis Annental und hinauf zum Sattel mit dem Bildstock, der den Gütenbach vom Ramsaubach trennt.

Öffentliche Verkehrsanbindung: Mit Bahn oder Bus bis Hainfeld, dann mit der Buslinie 1560 bis Ramsau, dann zu Fuß oder mit dem Taxi, z. B. Taxi Klaus +43/664-4731089.

Anspruch: mittel

Gehzeit gesamt: 2,5 Std.

Bergauf: 693 m

Beste Orchideenzeit: Mitte Mai bis Mitte Juli, für das Bleich-Knabenkraut Anfang Mai – Anfang Juni.

Weitere botanische und kulturelle Sehenswürdigkeiten des Gebiets:

- Hinterleitner Eiche in Hainfeld, Gegend Egg 28, mit einem Stammumfang von rund acht Metern. Sie soll etwa 800 Jahre alt sein.
- Bierkrugmuseum Hainfeld
- Staff südlich von St. Veit an der Gölsen (Helm-Knabenkraut, *Orchis militaris*, Bleich-Knabenkraut, *Orchis pallens*, Trauben-Pippau, *Crepis praemorsa*, usw.)

Das Helm-Knabenkraut der Hohen Wand

Helm-Knabenkraut

Orchis militaris

Zum Leidwesen aller Liebhaberbotaniker und Blumenfreunde ändern sich die botanischen Pflanzennamen: durch neue Kenntnisse in Bezug auf ihre Verwandtschaft, durch moderne Zellkernuntersuchungen und Ähnliches mehr. Und so wird notgedrungen aus der Hohlzunge, *Coeloglossum viride*, eine Hohlzungen-Fingerwurz, *Dactylorhiza viridis*, aus *Hammarbya paludosa* wird *Malaxis paludosa* und Ähnliches mehr. Das Helm-Knabenkraut hingegen, als Typusart der Gattung *Orchis*, blieb eisern. Es wurde 1753 von Carl von Linné auf diesen Namen getauft und hielt diesen unverändert ein Vierteljahrtausend.

In den Ostalpen zählt das Helm-Knabenkraut zu den selteneren Arten, welches magere, sonnige Standorte tieferer Lagen, egal ob trocken oder feucht, besiedelt.

Helm-Knabenkraut, Orchis militaris

Wandervorschlag

Die Wiener nennen die Hohe Wand oft liebevoll „Ziguriberg", auf der das Wandern oft so gemächlich vor sich geht, dass einem das Gras in die Nase wachsen könnte. Wanderwege auf der Hohen Wand und auf die Hohe Wand gibt es in Fülle, wobei botanisch gerade die Steilstücke von der Neuen Welt, wie die Tiefebene am Ostfuß des Bergstockes genannt wird, hinauf zum Hochplateau interessant sind. Dass man hier mit etwas Glück auch Steinböcke antreffen kann, ist keine optische Täuschung. Auch ist es keine eigene, nicht ganz schwindelfreie und eher kälteempfindliche Sippe, die sich hier in niedere Lagen zurückgezogen hat. Vielmehr sind Ende der 1990er-Jahre ein paar Tiere aus dem Wildgehege am Plateau entwischt und haben sich in freier Wildbahn so wohl gefühlt, dass es mittlerweile um die 100 Tiere sind.

Die der Wand vorgelagerte große Mulde der Neuen Welt war im Erdmittelalter

Mannigfaltigkeit des Helm-Knabenkrauts

vom Kreidemeer erfüllt, die Hohe Wand ragte als Insel heraus. In der Brandung lebten dickschalige Schnecken, deren versteinerte Gehäuse vielerorts gefunden werden können. Heute treffen sich in diesem Gebiet wärmeliebende, pannonische Arten und typische Alpenpflanzen.

Eine schöne Möglichkeit des Blumenwanderns ist eine Runde am Hochplateau mit dem Gasthof „Almfrieden" als Ausgangspunkt. Knapp vor der Aussichtsplattform „Skywalk", von Schwarzföhren geschützt und zumeist unentdeckt von den vielen Erholungssuchenden, findet sich ein verstecktes Denkmal. Dort sind im April 1945, zum Ende des Zweiten Weltkrieges, 144 junge Soldaten gefallen. Und wären es nicht deutsche und österreichische Soldaten gewesen, die hier gestorben sind, wäre schon eine monumentale Gedenkstätte errichtet worden. Für diese Soldaten hingegen ist es nur

Hunds-Rose, Rosa canina

Dolden-Milchstern, Ornithogalum umbellatum

Wiesen-Storchschnabel, Geranium pratense

ein ganz bescheidenes Schild mit Worten, vielleicht von der Mutter eines der Gefallenen geschrieben. Und selbst diese kaum wahrnehmbare Stätte, die von so viel Leid berichtet, wurde noch von einem „Gutmenschen“ geschändet, wovon eine Tafel daneben berichtet:

Mörder ... hat irgendjemand hingeschmiert über den einfach verfassten Text am Grab dieser Namenlosen! Was wusste er über den Tod der blutjungen Soldaten, die noch in den letzten Tagen eines grauenhaften Krieges hier gefallen sind! Die nicht älter waren als er, die hoffen, träumen, lieben wollten, nicht die Freiheit hatten, sich dem Töten zu entziehen, deren ärmlich karges Denkmal von einem glücklicher Geborenen verächtlich noch geschändet wird! Arme, verhetzte Generation, möge Gott Dir solche Bitterkeit ersparen!

Traurig gehe ich weiter, in der Hoffnung, gleich wieder eine prächtige Blume

Hohe Wand – Soldatengedenkstätte

zu finden, die mich erfreut und auf andere Gedanken bringt. Und auf Blumen ist immer Verlass. Ein Melissen-Immenblatt, wie es im Bilderbuch steht, findet sich ganz nahe an der Gedenkstätte, so als wäre sie die Chrysantheme am Grab eines Friedhofs.

Die Pflanzenwelt hier oben ist ungewöhnlich. Es treffen sich alpine Vertreter und wärmeliebende pannonische Arten, die man eher vom Seewinkel kennt, und so erstaunt doch immer wieder das gemeinsame Vorkommen von Ginster-Leinkraut, *Linaria genistifolia,* und Aurikel, *Primula auricula,* und von Groß-Kuhschelle, *Pulsatilla grandis,* und Rax-Glockenblume, *Campanula praesignis.*

Der Weg führt nun an mehreren Gasthäusern vorbei (oder auch nicht vorbei), dem Gasthof Postl, Gasthof Luf und dem Hochkogelhaus. Spätestens beim Waldegger Haus war die Stimmung wieder besser. Der Wirt kam mit einem Tablett leerer Tassen und tat so, als würde er den heißen Kaffee über uns schütten. Alle sprangen vor Schreck auf und er hatte eine Riesenfreude über seinen gelungenen Scherz. Und wir freuten uns, dass wir ihm dadurch Freude bereiten konnten und so freuen sich noch heute alle.

Vom Waldegger Haus geht's noch ein Stück der Straße entlang bis zum Gasthof Almfrieden, dem Ausgangspunkt der Blumenrunde.

Blick zur Aussichtsplattform und nach Maiersdorf

Unter anderem auf der Hohen Wand zu finden

Venus-Frauenspiegel, Legousia speculum-veneris

Weiß-Fingerkraut, Potentilla alba

Schopf-Träubel, Muscari comosum

Österreich-Schwarzwurz, Scorzonera austriaca

Kamm-Wachtelweizen, Melampyrum cristatum

Gelb-Lauch, Allium flavum

Bittersüß-Nachtschatten, Solanum dulcamara

Bunt-Wicke, Vicia glabrescens

Woll-Kratzdistel, Cirsium eriophorum

Orchideen der Hohen Wand

Klein-Hundswurz, Kamm-Hundswurz, Breitblatt-Fingerwurz, Rot-Ständelwurz, Müller-Ständelwurz, Adria-Riemenzunge, Vogel-Nestwurz, Helm-Knabenkraut, Bleich-Knabenkraut, Grünlich-Waldhyazinthe.

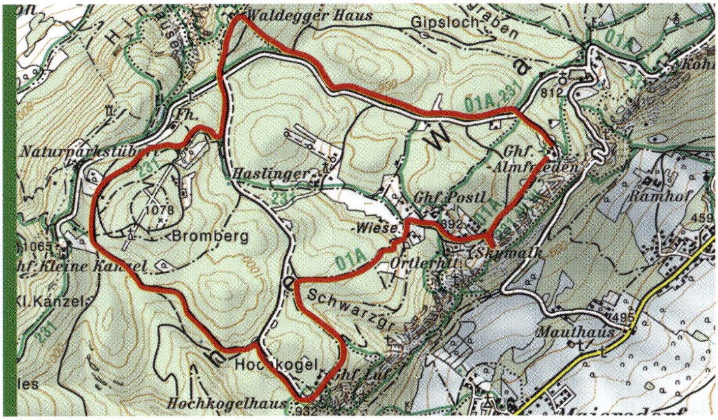

Pflanzenbesonderheiten: Giftheil-Eisenhut, *Aconitum anthora*; Rax-Glockenblume, *Campanula praesignis*; Blaugrüne Berg-Ringdistel, *Carduus defloratus* subsp. *glaucus*; Voralpen-Immergrün-Felsenblümchen, *Draba aizoides* subsp. *beckeri*; Breitblatt-Spindelstrauch, *Euonymus latifolius*; Dolliner-Habichtskraut, *Hieracium dollineri*; Christusaugen-Alant, *Inula oculus-christi*; Kamm-Wachtelweizen, *Melampyrum cristatum*; Borsten-Miere, *Minuartia setacea*; Lauch-Scheibenschötchen, *Peltaria alliacea*; Österreich-Schwarzwurz, *Scorzonera austriaca*; Trauben-Gamander, *Teucrium botrys*.

Blumenpracht: Gelb-Lauch, *Allium flavum*; Nick-Ringdistel, *Carduus nutans*; Woll-Kratzdistel, *Cirsium eriophorum*; Sichelmöhre, *Falcaria vulgaris*; Adria-Riemenzunge, *Himantoglossum adriaticum*; Ginsterblatt-Leinkraut, *Linaria genistifolia*; Weiß-Fingerkraut, *Potentilla alba*; Groß-Kuhschelle, *Pulsatilla grandis*.

Beste Orchideenzeit: Anfang Mai – Anfang Juli, für das Helm-Knabenkraut Anfang Mai – Anfang Juni.

Anspruch: gering

Bergauf: 297 m

Gehzeit: 3 Std. (ganze Runde)

Anreise: Von Wien die A2 bis zur Abfahrt Wiener Neustadt West, dann die B26 bis Weikersdorf am Steinfelde, die L87 bis nach der Emmerberger Klause, dann die L4072 bis Maiersdorf und die L4073 ein kurzes Stück in Richtung Stollhof bis zur Abzweigung zur Mautstraße auf die Hohe Wand. Auf der Mautstraße der Beschilderung bis zum Gasthof „Almfrieden" folgen. Samstags, Sonn- und Feiertags wird für die Hohe-Wand-Straße eine Mautgebühr eingehoben, für PKW Euro 2.-, Motorrad Euro 1.- (Stand 2014).

Öffentliche Verkehrsanbindung: Mit der Buslinie 7845 von Wiener Neustadt, Grazer Straße/Schulgasse bzw. von Muthmannsdorf bis Maiersdorf, dann zu Fuß oder mit dem Taxi (z. B. Taxi Pürzl +43/2622-330) bis zum Gasthof „Almfrieden".

Weitere Freizeitangebote und botanische Ziele im Gebiet:

- Tiergehege auf der Hohen Wand
- Lamawanderungen auf der Hohen Wand
- Alpin- und Heimatmuseum Maiersdorf
- Aussichtsturm am Hochplateau
- Höhlenmuseum Eisensteinhöhle in Brunn an der Schneebergbahn
- Heimatmuseum Scherrerwirt in Dreistetten
- Engels-Berg westlich von Bad Fischau (*Dingel, Limodorum abortivum*; Zwerg-Schwertlilie, *Iris pumila*; Dalmatien-Lotwurz, *Onosma visianii*; usw.)
- Emmerberg-Klause, östlich von Maiersdorf (Ost-Ackerkohl, *Conringia orientalis*; Liege-Schneckenklee, *Medicago prostrata*; Löwenmaul, *Antirrhinum majus*; usw.)

Die Müller-Ständelwurz bei St. Egyden im Steinfeld

Müller-Ständelwurz

Epipactis muelleri

Orchideen sind in Bezug auf ihre Bestäubung einfallsreich. Manche Arten täuschen Insektenweibchen vor, andere Übernachtungsmöglichkeiten und manche Ständelwurze spannen dafür Wespen ein. Sie imitieren dabei den Geruch verletzter Blätter, wie er sonst nur durch fressende Raupen ausgelöst wird. Der Duft zieht räuberische Wespen an, die sich hier ein Raupenmahl versprechen und stattdessen zur Bestäubung eingespannt werden. Da der Nektar mit zunehmender Blüte in Gärung übergeht und Alkohol gebildet wird, sind die blütenbesuchenden Wespen ab diesem Zeitpunkt oftmals betrunken. Sie verweilen länger auf den Blüten als sonst, steigen langsam und mit unsicherer Bewegung auf den Blüten hin und her und fallen manchmal auf den Waldboden herab. Es wird auch von angesäuselten Wespen berichtet, die im Taumelflug gegen einen Baum fliegen. Mittlerweile sind gut 10.000 Orchideenarten weltweit bekannt, die sich ihre Bestäubung durch Täuschung erschleichen.

Die Müller-Ständelwurz hingegen ist selbstbestäubend. Benannt ist sie zu Ehren des deutschen Biologen Hermann Müller (1829–1883), der erstmals die obligate Autogamie der Art feststellte.

Müller-Ständelwurz

Wandervorschlag

Trockenheit und Hitze zeichnet das Steinfeld im südlichen Niederösterreich aus. Kombiniert mit den humusarmen Böden führt dies zu den lückigen, artenreichen Steppenrasen. Um der Versteppung des Heidegebiets vorzubeugen, begann man im 15. Jahrhundert mit der ersten Aufforstung von Schwarzföhren. Große Kie-

Ständelwurz-Hybriden bei St. Egyden

Rot-Ständelwurz, Epipactis atrorubens

Steinfeld-Ständelwurz, Epipactis lapidocampi

Rot-Ständelwurz × Steinfeld-Ständelwurz

fernforste ließ dann Kaiserin Maria Theresia im 18. Jahrhundert setzen. Diese Anlagen brachten der Bevölkerung durch die Pechgewinnung eine Einkommensmöglichkeit. Andererseits verwandelten sich artenreiche Steinrasen in monotone Forste und dennoch findet sich in diesen eine Zahl interessanter Pflanzen, insbesondere an Orchideen.

Namensgebend ist die Steinfeld-Ständelwurz, *Epipactis lapidocampi*, die bisher nur aus den Schwarzföhrenwäldern östlich von St. Egyden bekannt ist. Sie ähnelt mit ihren Blüten besonders der Müller-Ständelwurz, *Epipactis muelleri*, unterscheidet sich von dieser aber deutlich in den vegetativen Teilen. W. Wucherpfennig vermutet, dass die Steinfeld-Ständelwurz eine örtlich entstandene Variante von *E. muelleri* ist, bei der eines der in die Entwicklung jeder einzelnen Pflanze steuernden Gene mutiert ist.

Rot-Ständelwurz, Epipactis atrorubens

Kleinblatt-Ständelwurz, Epipactis microphylla

Rot-Ständelwurz × Kleinblatt-Ständelwurz

Rot-Ständelwurz, Epipactis atrorubens

Müller-Ständelwurz, Epipactis muelleri

Rot-Ständelwurz × Müller-Ständelwurz

Steinfeld-Ständelwurz und Müller-Ständelwurz sind aber nicht die einzigen Vertreter ihrer Gattung in diesen Wäldern. Hier finden sich auch Rot-Ständelwurz, *E. atrorubens*, Kurzblatt-Ständelwurz, *E. distans*, Grün-Ständelwurz, *E. helleborine*, Kleinblatt-Ständelwurz, *E. microphylla,* und alle möglichen Hybriden untereinander.

Auch die Tierwelt hat hier Besonderheiten zu bieten, etwa in Form der endemischen Österreichischen Heideschnecke. An Brutvogelarten gibt es hier etwa Triel und Brachpieper, in den aufgelockerten Schwarzföhrenwäldern lebt der Ziegenmelker, in den Trockenwiesen Heidelerche und Neuntöter.

Viele Menschen haben im Steinfeld nur die öde, unfruchtbare Heide zwischen Industrieruinen und Militärbaracken gesehen, die es möglichst rasch in Siedlungsflächen, neue Industriegebiete und Schottergruben umzuwandeln galt. Auch die

Grün-Ständelwurz, Epipactis helleborine

Müller-Ständelwurz, Epipactis muelleri

Grün-Ständelwurz × Müller-Ständelwurz

Wissenschaft und der Naturschutz haben das Gebiet lange Zeit unterschätzt und vernachlässigt, doch nach und nach offenbaren sich die Schätze dieser ganz eigenen Landschaft und es liegt an uns, sich an diesen zu erfreuen und diese zu bewahren.

Markierte Wanderwege gibt es hier in den orchideenreichen Föhrenwäldern östlich von St. Egyden kaum. Es empfiehlt sich aber, den Bildstock östlich von Saubersdorf an der L137 als Startpunkt zu nehmen und dann den Feldweg bis zum Waldspitz zu gehen. Bei den Schwarzföhren angekommen rechts nach Süden abzweigen in Richtung Siedlung St. Egyden und an der Bahn den Weg Richtung Nordost einschlagen. Bei der Abzweigung der ehemaligen Pulverfabrik scharf links abbiegen und dem Weg zurück zum Ausgangspunkt folgen. Besonders orchideenreich sind bei dieser Wanderung der Waldspitz am Beginn bzw. Ende der Wanderrunde und die Wälder bei der Siedlung St. Egyden. Ein Abstecher vom Weg in die Föhrenwälder kann aber überall erfolgreich sein.

Unter anderem im Gebiet zu finden

Langfahnen-Tragant, Astragalus onobrychis

Purpurblau-Rindszunge, Buglossoides purpurocaerulea

Bunt-Blauflockenblume, Cyanus triumfettii

Grau-Sonnenröschen, Helianthemum canum

Filz-Bisamdistel, Jurinea mollis

Dalmatien-Lotwurz, Onosma visianii

Orchideen der Schwarzföhrenwälder bei St. Egyden

Breitblatt-Waldvöglein, Cephalanthera damasonium

Schmalblatt-Waldvöglein, Cephalanthera longifolia

Purpur-Waldvöglein, Cephalanthera rubra

Rot-Ständelwurz, Epipactis atrorubens

Kurzblatt-Ständelwurz, Epipactis distans

Grün-Ständelwurz, Epipactis helleborine

Steinfeld-Ständelwurz, Epipactis lapidocampi

Kleinblatt-Ständelwurz, Epipactis microphylla

Müller-Ständelwurz, Epipactis muelleri

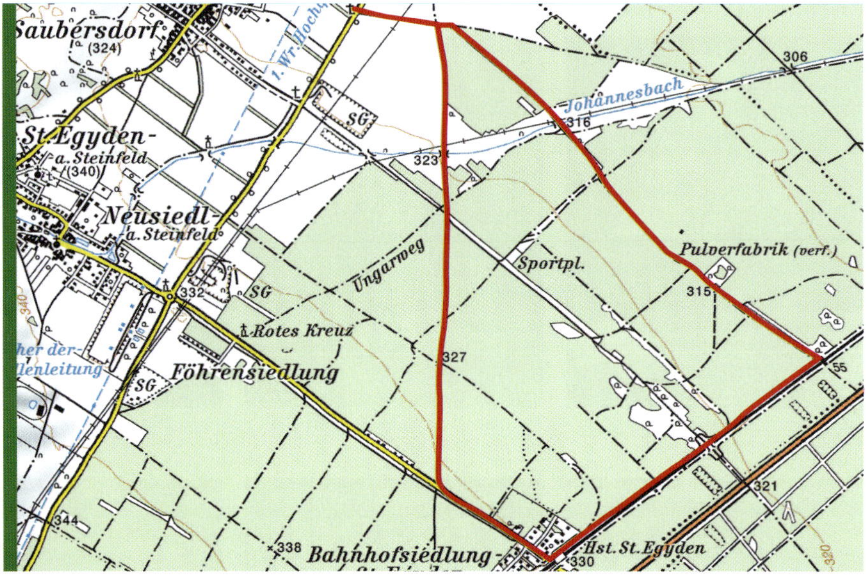

Pflanzenbesonderheiten: Rundblatt-Hasenohr, *Bupleurum rotundifolium*; Kurzblatt-Ständelwurz, *Epipactis distans*; Steinfeld-Ständelwurz, *Epipactis lapidocampi*; Natternkopf-Habichtskraut, *Hieracium echioides*; Filz-Bisamdistel, *Jurinea mollis*; Liege-Schneckenklee, *Medicago prostrata*; Büschel-Miere, *Minuartia rubra*; Borsten-Miere, *Minuartia setacea*; Zwerg-Hauhechel, *Ononis pusilla*; Dalmatien-Lotwurz, *Onosma visianii*; Berg-Gliedkraut, *Sideritis montana*.

Blumenpracht: Langfahnen-Tragant, *Astragalus onobrychis*; Purpurblau-Rindszunge, *Buglossoides purpurocaerulea*; Purpur-Waldvöglein, *Cephalanthera rubra*; Bunt-Blauflockenblume, *Cyanus triumfettii*; Sicheldolde, *Falcaria vulgaris*; Zotten-Lein, *Linum hirsutum*; Ähren-Blauweiderich, *Veronica spicata*.

Beste Orchideenzeit: Mitte Juni – Ende Juli, so auch für die Müller-Ständelwurz.

Anspruch: gering

Bergauf: 26 m

Gehzeit: 3,5 Std. (ganze Runde)

Anreise: Von Wien auf der A2 bis zur Abfahrt Wiener Neustadt West, dann die B26 bis Weikersdorf und die L137 in Richtung Neunkirchen bis zum ersten Bildstock, dort einen Parkplatz suchen oder links hinein bis zum Waldspitz fahren und bei der Sitzbank parken.

Öffentliche Verkehrsanbindung: Mit dem Zug bis Wiener Neustadt, dann mit der Buslinie 7847 bis Saubersdorf, dann zu Fuß nach Osten zum Waldspitz.

Weitere Freizeitangebote und botanische Ziele im Gebiet:

- Familien-Radrundweg um St. Egyden
- Skaterpark in St. Egyden
- Flugmuseum Aviaticum in Wiener Neustadt
- Gauermann-Museum in Miesenbach
- Naturschutzgebiet Schönauer Teich mit Brutflächen von Zwergdommel und Rohrweihe
- Steppenrasen bei Groß-Mittel nordöstlich von Wiener Neustadt (Zwerg-Schwertlilie, *Iris pumila*; Groß-Kuhschelle, *Pulsatilla grandis*; Grauscheiden-Federgras, *Stipa pennata*; usw.)

Überblick über heimische Läusekräuter

Farnblatt-Läusekraut, P. asplenifolia

Lang-Läusekraut, Pedicularis elongata

Lang × Ähren-L., P. elongata × rostratospicata

Lang × Knollen-L., P. elongata × tuberosa

Blätter-Läusekraut, Pedicularis foliosa

Karst-Läuserkraut, Pedicularis hacquetii

Julisch-Läusekraut, Pedicularis julica

Kerner-Läuserkraut, Pedicularis kerneri

Bunt-Läusekraut, Pedicularis oederi

Sumpf-Läusekraut, Pedicularis palustris

Portenschlag-L., P. portenschlagii

Stutz-Läusekraut, Pedicularis recutita

Rosa-Läusekraut, Pedicularis rosea

Kopfig-Läusekraut, P. rostratocapitata

Echtes Ähren-L., P. rostratospicata ssp. rostratospicata

Schweizer Ähren-L., P. rostratospicata subsp. helvetica

Karlsszepter-L., Pedicularis sceptrum-carolinum

Knollen-Läusekraut, Pedicularis tuberosa

Quirl-Läusekraut, Pedicularis verticillata

Quirl-Läusekraut, Pedicularis verticillata

Die Klein-Hundswurz im Naturpark Sparbach

Klein-Hundswurz

Anacamptis morio

Einst war die Klein-Hundswurz in Österreich allgegenwärtig. Doch die Intensivierung der Landwirtschaft machte aus ehemals bunten Magerwiesen, egal ob trocken oder feucht, monotone Wirtschaftswiesen, in denen weder Orchidee noch Schmetterling mehr eine Heimat fanden. Erfreulicherweise glaubten aber nicht alle Bauern den Versprechungen der Agrochemie und hielten an ihrer traditionellen Bewirtschaftungsform fest. Das Ergebnis sind auffallend bunte Wiesen, wie sie im Sparbacher Gebiet noch mehrfach zu finden sind.

Klein-Hundswurz

Wandervorschlag

Die Hutweiden zwischen Sparbach und Sittendorf sind Fundort mehrerer vom Aussterben bedrohter Pflanzenarten. Der Besitzer, ein Landwirt aus Sparbach, ist einer der ersten Bauern im Wienerwald, der den ökologischen Wert dieses landschaftlichen Kleinods erkannt und die Flächen so bearbeitet, dass sie bis heute in ihrem schützenswerten Aspekt erhalten geblieben sind. In den Magerwiesen selbst gibt es keinen markierten Wanderweg. Es empfiehlt sich, die vielseitige Landschaft mit ihren prächtigen Elsbeerbäumen auf den Pfaden zu durchkämmen, um Klein-Hundswurz, *Anacamptis morio*, Deutsch-Ziest, *Stachys germanica*, und Wanzen-Hundswurz, *Anacamptis coriophora*, zu finden.

Sehenswertes gibt es hier im südlichen Wienerwald viel. So etwa die Burg Wildegg, die im Jahr 1188 erstmals urkundlich erwähnt wird. Etwas weiter östlich befindet sich die Seegrotte in der Hinterbrühl. Es war im Jahr 1912, als nach einer Sprengung im damaligen Gipsbergwerk Hinterbrühl rund 20 Millionen Liter Was-

Formenvielfalt der Klein-Hundswurz

ser mit ungeheurer Wucht in die Gänge und Stollen strömten. Durch den Einbruch des Wassers hat sich ein riesiger See gebildet, der heute der größte unterirdische See Europas ist. Mit jährlich rund 250.000 Besuchern ist die Seegrotte eine Touristenattraktion. Im Zweiten Weltkrieg diente die Anlage zur Flugzeugherstellung. 2.000 Arbeiter waren hier beschäftigt und hier entstand auch der erste Düsenjäger der Welt.

Wieder über Tage empfiehlt sich ein Rundgang im Naturpark Sparbach mit Besichtigung der drei Ruinen Johannstein, Köhlerhütte und Dianatempel und der drei benannten Wiesen Dianawiese, Lehenwiese und Hirschenwiese, die regelmäßig von den Schwarzkitteln und ihren entzückenden Frischlingen auf der Suche nach Fressbarem durchpflügt werden. Das scheint der Lampionblume, *Physalis alkekengi*, gut zu bekommen und den

Trauben-Pippau, Crepis praemorsa

Acker-Gauchheil, Anagallis arvensis

Groß-Windröschen, Anemone sylvestris

Dreizahn-Keuschständel, *Neotinea tridentata*, zumindest nicht so zu stören, als dass er hier nicht mehr vorkommen würde.

Botanisch noch interessanter wird es dann außerhalb des umzäunten Parks in den Magerwiesen westlich von Sparbach, wo sich eines der letzten Vorkommen der Herbst-Drehähre des Wienerwalds befindet.

Christusaugen-Alant, Inula oculus-christi

Südost-Aronstab, Arum cylindraceum

Purpurblau-Rindszunge, Buglossoides purpurocaerulea

Groß-Kreuzblume, Polygala major

Orchideen des Sparbacher Naturparks und des nahe angrenzenden Gebiets

Wanzen-Hundswurz, Anacamptis coriophora

Klein-Hundswurz, Anacamptis morio

Breitblatt-Waldvöglein, Cephalanthera damasonium

Schmalblatt-Waldvöglein, Cephalanthera longifolia

Breitblatt-Fingerwurz, Dactylorhiza majalis

Holunder-Fingerwurz, Dactylorhiza sambucina

Mücken-Händelwurz, Gymnadenia conopsea

Dreizahn-Keuschständel, Neotinea tridentata

Neotinea tridentata × Neotinea ustulata

Brand-Keuschständel, Neotinea ustulata

Groß-Zweiblatt, Neottia ovata

Prächtiges Manns-Knabenkraut, Orchis mascula subsp. speciosa

Helm-Knabenkraut, Orchis militaris

Bleich-Knabenkraut, Orchis pallens

Weiß-Waldhyazinthe, Platanthera bifolia

Herbst-Wendelähre, Spiranthes spiralis

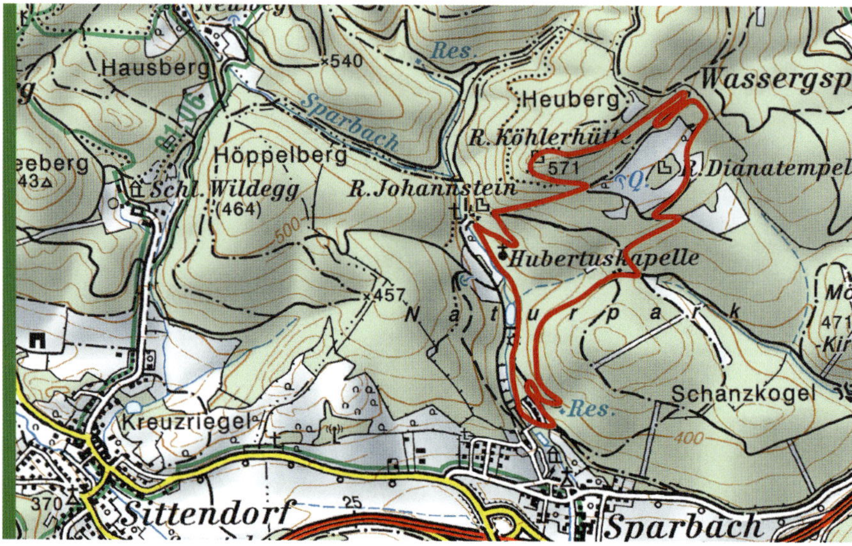

Pflanzenbesonderheiten: Wanzen-Hundswurz, *Anacamptis coriophora*; Trauben-Pippau, *Crepis praemorsa*; Wald-Hundszunge, *Cynoglossum germanicum*; Kanten-Wolfsmilch, *Euphorbia angulata*; Christusaugen-Alant, *Inula oculus-christi*; Rosskümmel, *Laser trilobum*; Salbei-Sommerwurz, *Orobanche salviae*; Spitzflügel-Wiesen-Kreuzblume, *Polygala vulgaris* subsp. *oxyptera*; Herbst-Drehähre, *Spiranthes spiralis*; Steppen-Quendel, *Thymus kosteleckyanus*.

Blumenpracht: Groß-Windröschen, *Anemone sylvestris*; Purpurblau-Rindszunge, *Buglossoides purpurocaerulea*; Groß-Kreuzblume, *Polygala major*; Purpur-Schwarzwurz, *Scorzonera purpurea*.

Beste Orchideenzeit: Mitte April – Ende Juni, für die Klein-Hundswurz Ende April – Ende Mai

Anspruch: gering

Höhenmeter: ca. 400 m (Naturpark und Kreuzriegel)

Gehzeit: je nach Intensität um die 3 Std. (Naturpark und Kreuzriegel)

Anreise: von Wien oder St. Pölten über die A21, Abfahrt Hinterbrühl, oder über die B11 von Mödling in Richtung Heiligenkreuz bis zum Naturpark-Parkplatz in Sparbach.

Öffentliche Verkehrsanbindung: Mit dem Bus Nr. 364 oder 365 vom Regionalbahnhof Mödling in der Badstraße in etwa 30 Fahrminuten nach Sparbach, Haltestelle Tiergartensiedlung.

Weitere Freizeitangebote und botanische Ziele im Gebiet:

- Kleintierzoo und „Galerie der Wildtiere" mit neuem Stallgebäude
- Grillplatz im Naturpark
- Renaturierter Lenauteich mit Mühle und Rastplatz
- Seegrotte in Hinterbrühl
- mehrere Burgen und Ruinen
- die Fürstenföhre, die älteste Schwarzföhre des Gebietes, auf der Dianawiese; Waldmüller-Buche
- prächtige Elsbeerbäume
- Sommerauwiesen bei der Meierei westlich von Sittendorf (Dreizahn-Keuschständel, *Neotinea tridentata*, Bleich-Knabenkraut, *Orchis pallens*, usw.)
- Lutzfeld zwischen Weinberg und dem Modellflugplatz nordwestlich von Sittendorf (Holunder-Fingerwurz, *Dactylorhiza sambucina*, Bleich-Knabenkraut, *Orchis pallens*, usw.)
- Steinbruch-Gelände in Hinterbrühl (Hummel-Ragwurz, *Ophrys holoserica*, Purpur-Knabenkraut, *Orchis purpurea*, Vöth-Ständelwurz, *Epipactis voethii*, usw.)

Überblick über heimische Steinbreche (Auswahl)

Aufsteige-Steinbrech, Saxifraga adscendens

Bach-Steinbrech, Saxifraga aizoides

Mannsschild-Steinbr., Saxifraga androsacea

Blattlos-Steinbrech, Saxifraga aphylla

Rau-Steinbrech, Saxifraga aspera

Zweiblüten-Steinbr., Saxifraga biflora

Zweiblüten × Gegenblatt-Steinbr., Saxifraga × kochii

Wimper-Steinbrech, S. blepharophylla

Moos-Steinbrech, Saxifraga bryoides

Zwiebel-Steinbrech, Saxifraga bulbifera

Burser-Steinbrech, Saxifraga burseriana

Blaugrün-Steinbrech, Saxifraga caesia

Nick-Steinbrech, Saxifraga cernua

Pracht-Steinbrech, Saxifraga cotyledon

Krusten-Steinbrech, Saxifraga crustata

Krusten × Host-Steinbrech, Saxifraga × engleri

Keilblatt-Steinbrech, Saxifraga cuneifolia

Furchen-Steinbrech, Saxifraga exarata

Knöllchen-Steinbrech, Saxifraga granulata

Habichtskraut-St., Saxifraga hieracifolia

Die Adria-Riemenzunge am Bisamberg

Adria-Riemenzunge

Himantoglossum adriaticum

Nur in den tieferen Lagen im nordöstlichen Österreich ist diese exotisch anmutende Orchidee zu finden. Hier besiedelt sie gerne Standorte, die Jahre zuvor vom Menschen bearbeitet wurden, wie alte Obstgärten, extensive Weiden oder stillgelegte Steinbrüche. Und auch hier am Bisamberg bevorzugt sie solche Plätze. Doch ist sie selten und nicht immer leicht zu finden, denn die Blüten zeigen trotz ihrer beeindruckenden Größe oft eine wenig auffällige Färbung und die Blattrosette ist zur Blütezeit schon vertrocknet.

Trotz ihres deutlich unterschiedlichen Aussehens wurde die Adria-Riemenzunge erst im Jahr 1978 von der Bocks-Riemenzunge, *Himantoglossum hircinum*, abgetrennt. Das Verbreitungsgebiet der nordmediterranen Art reicht von Kalabrien bis in die Slowakei. Österreich wird dabei nur in Niederösterreich, Wien und dem Nord-Burgenland besiedelt.

Adria-Riemenzunge

Wandervorschlag

Vor den Toren Wiens liegt ein eher unscheinbarer Hügel, geologisch gesehen ein letzter Ausläufer der Alpen, der es botanisch in sich hat – der Bisamberg. Er ist als Fundgrube für Pflanzenfreunde schon lange bekannt und das ist auch der Grund, warum die Entdeckungsgeschichte einzelner Arten so bekannt ist.

Bei den Orchideen sind es vor allem zwei Neubürger, die vielseitiges Interesse weckten: das Affen-Knabenkraut, *Orchis simia*, und das Ohnsporn-Knabenkraut, *Orchis anthropophra*.

Beim Affen-Knabenkraut gelang Karl Dornhecker im Mai 1981 der Erstfund für Österreich. Da der Finder den Bisamberg floristisch sehr gut kennt und oft mehrere Male am Tag mit der Blumensuche dort verbringt, ist damit zu rechnen, dass es sich um ein neues und nicht um ein übersehenes Vorkommen handelt. Es

Mannigfaltigkeit der Adria-Riemenzunge

wird vermutet, dass Orchideenliebhaber nach einer Mittelmeerreise Samen unabsichtlich auf Kleidung, Schuhen oder Fototaschen mitgebracht haben und diese dann bei einer Orchideenwanderung am Bisamberg entwichen sind und gekeimt haben. Gerüchten zufolge könnte es sich aber auch um eine absichtliche Ansalbung gehandelt haben.

Gleiches gilt auch für die zweite Art, das Ohnsporn-Knabenkraut. Am 19. Mai 2002 entdeckten Johannes Tintner und Berthold Janecek die Art am Südwesthang des Bisambergs bei einer botanischen Pfingstwanderung und beide Arten gibt es auch heute noch in wenigen Stücken am Bisamberg.

Mittlerweile hat sich das Affen-Knabenkraut, welches von oben nach unten aufblüht, mit dem ähnlichen Helm-Knabenkraut, welches von unten nach oben aufblüht, gekreuzt. *Orchis ×bey-*

Hummel-Ragwurz

richii ist entstanden, benannt zu Ehren des deutschen Botanikers Heinrich Karl Beyrich (1796–1834), welcher mehrere botanische Reisen unternahm und so Alexander von Humboldt auffiel, der ihn später förderte. Bei seiner letzten Reise nach Nordamerika erlag Beyrich dem Gallenfieber. Der Maler George Catlin, ein Wegbegleiter Beyrichs bei seiner letzten Expedition, schrieb in einem Brief über ihn: „Dieser feingebildete, treffliche Mann, zu dem ich mich sehr hingezogen fühlte, bewohnte ein Zimmer neben dem meinigen, wo er starb, wie er gelebt, ruhig und lächelnd."

Bei den Nichtorchideen fällt besonders die Entdeckungsgeschichte des Pannonien-Pippaus auf, einer der seltensten Pflanzen Österreichs: Trotz der guten Erforschung des Gebietes wurde er erst im 20. Jahrhundert entdeckt, genauer am 28. Juni 1922 auf der Elisabethhöhe in der Nähe des dort ehemals befindlichen Gasthauses. Der Finder war ein Schwede namens T. Vestergren und es bewahrheitet sich immer wieder der beruhigende Satz – gute Botaniker entdecken auch vom Gastgarten aus. Heute gibt es hier weder das Gasthaus noch den Pannonien-Pippau, er konnte aber an einer anderen Stelle am Bisamberg wiedergefunden werden, genauso wie am Kronawettberg bei Hagenbrunn. Aktuelle weitere Fundorte in Österreich gibt es nicht.

Ebenfalls auf eine kleine Stelle am Bisamberg beschränkt ist der Waldsteppen-Wermut, *Artemisia pancicii*, benannt zu Ehren des serbischen Botanikers J. Pancic, dem Verfasser einer Flora Serbiens. 1932 fand der Botaniker Franz Berger die Blätter der recht blühfaulen Art am Bisamberg und es sollte noch Jahre dauern, bis die Pflanze mit ihrem richtigen Namen angesprochen werden konnte: der Waldsteppen-Wermut, einer der größten Raritäten der österreichischen Flora.

Und so könnte man weiter fortfahren mit Vöth-Ständelwurz, *Epipactis voethii*, Sommergrün-Immergrün, *Vinca herbacea*, Mähren-Glockenblume, *Campanula moravica*, und einigen anderen Besonderheiten der Flora des Bisamberges, zu

Bisamberg-Westhang

denen auch die vier in Österreich vorkommenden Ragwurz-Arten zählen.

Es gibt nur wenige Orte im Land, wo alle vier zusammen vorkommen. Wenn das der Fall ist, dann gibt es auch vereinzelt Kreuzungen. Am Bisamberg sind bisher vier verschiedene Ragwurz-Hybriden gefunden worden. Unklar bleibt, ob nicht auch menschliche Bestäuber Ursache der einen oder anderen Kreuzung waren.

Aber nicht nur, was die Blumen betrifft, ist das Bisamberg-Gebiet einzigartig, auch in der Tierwelt beherbergt es eine Fülle an Leben und Vielfalt, so etwa 731 Schmetterlingsarten, 163 Laufkäfer und 393 Bienenarten.

Empfehlenswert ist eine Wanderung, beginnend in Langenzersdorf, in Richtung Elisabethhöhe, 358 m, und westlich abzweigend zu den Trockenrasen und Flaumeichen-Wäldern am Westhang. Das letzte Stück führt dann an der Straße nach Langenzersdorf zurück.

Bisher gefundene Ragwurz-Hybriden am Bisamberg

Bienen-Ragwurz, Ophrys apifera

Spinnen-Ragwurz, Ophrys sphegodes

Bienen- × Spinnen-Ragwurz

Hummel-Ragwurz, O. holoserica

Fliegen-Ragwurz, O. insectifera

Hummel- × Fliegen-Ragwurz

Hummel-Ragwurz, O. holoserica

Spinnen-Ragwurz, Ophrys sphegodes

Hummel- × Spinnen-Ragwurz

Fliegen-Ragwurz, Ophrys insectifera

Spinnen-Ragwurz, Ophrys sphegodes

Fliegen- × Spinnen-Ragwurz

Besonderheiten des Bisambergs

Waldsteppen-Beifuß, Artemisia pancicii

Vöth-Ständelwurz, Epipactis voethii

Violett-Dingel, Limodorum abortivum

Ohnsporn-Knabenkraut, Orchis anthropophora

Kreuzung aus Helm- × Affen-Knabenkraut, Orchis ×beyrichii

Affen-Knabenkraut, Orchis simia

Pannonien-Pippau, Crepis pannonica

Pannonien-Pippau, Crepis pannonica

Sommergrün-Immergrün, Vinca herbacea

Orchideen des Bisambergs

Breitblatt-Waldvöglein, Schmalblatt-Waldvöglein, Frauenschuh, Grün-Ständelwurz, Grün-Ständelwurz × Vöth-Ständelwurz, Müller-Ständelwurz (ehemals), Vöth-Ständelwurz, Mücken-Händelwurz, Adria-Riemenzunge, Violett-Dingel, Dreizahn-Keuschständel (ehemals), Brand-Keuschständel, Vogel-Nestwurz, Groß-Zweiblatt, Bienen-Ragwurz, Bienen-Ragwurz × Spinnen-Ragwurz, Hummel-Ragwurz, Hummel-Ragwurz × Fliegen-Ragwurz, Hummel-Ragwurz × Spinnen-Ragwurz, Fliegen-Ragwurz, Fliegen-Ragwurz × Spinnen-Ragwurz, Ohnsporn-Knabenkraut (ws. angesalbt, also nicht ursprünglich), Helm-Knabenkraut, Helm-Knabenkraut × Purpur-Knabenkraut, Helm-Knabenkraut × Affen-Knabenkraut, Purpur-Knabenkraut, Affen-Knabenkraut (ws. angesalbt), Weiß-Waldhyazinthe, Weiß-Waldhyazinthe × Grünlich-Waldhyazinthe, Grünlich-Waldhyazinthe.

Pflanzenbesonderheiten: Waldsteppen-Wermut, *Artemisia pancicii*; Mähren-Glockenblume, *Campanula moravica*; Pannonien-Pippau, *Crepis pannonica*; gelbe Form des Frauenschuhs, *Cypripedium calceolus* fo. *flavum*; Vöth-Ständelwurz, *Epipactis voethii*; Dingel, *Limodorum abortivum*; Acker-Schwarzkümmel, *Nigella arvensis*; Ohnsporn-Knabenkraut, *Orchis anthropophora*; Affen-Knabenkraut, *Orchis simia*; Weißer Schmalkopf-Mohn, *Papaver dubium* subsp. *austromoravicum*; Sommergrün-Immergrün, *Vinca herbacea*.

Blumenpracht: Frühlings-Adonisröschen, *Adonis vernalis*; Regensburg-Zwergginster, *Chamaecytisus ratisbonensis*; Christusaugen-Alant, *Inula oculus-christi*; Zwerg-Schwertlilie, *Iris pumila*; Bunt-Schwertlilie, *Iris variegata*; Gelb-Lein, *Linum flavum*; Purpur-Knabenkraut, *Orchis purpurea*; Illyrien-Hahnenfuß, *Ranunculus illyricus*; Raublatt-Rose, *Rosa jundzilii*.

Beste Orchideenzeit: Ende April – Mitte Juli, für die Adria-Riemenzunge Ende Mai – Mitte Juni.

Anspruch: gering

Bergauf: 197 m

Gehzeit: 1 ¼ Std.

Anreise: Von Wien auf der A22 bis zur Abfahrt Strebersdorf, die Verbindungsstraße 302 bis zur Prager Straße, dann dieser bis Langenzersdorf folgen. Im Ort bei der Pfarrkirche rechts hinein bis zum Parkplatz.

Öffentliche Verkehrsanbindung: verschiedene Möglichkeiten, z. B. mit der Schnellbahn von Wien-Floridsdorf bis Bahnhof Langenzersdorf.

Weitere Freizeitangebote und botanische Ziele im Gebiet:

- Renaissanceschloss Bisamberg
- Lourdes-Grotte am Nordhang des Bisambergs
- Bildhauer Anton-Hanak-Museum in Langenzersdorf
- Zieselwiese beim Magdalenenhof
- Alte Schanzen südlich von Hagenbrunn (Diptam, *Dictamnus albus*; Bunt-Schwertlilie, *Iris variegata*; Acker-Wachtelweizen, *Melampyrum arvense*; usw.)

Der Brand-Keuschständel am Fuchshäufel

Brand-Keuschständel

Neotinea ustulata

Erst in den 1980er-Jahren wurde erkannt, dass die zwei seit Langem bekannten Formen des Brand-Keuschständels eigenständige Sippen sind. Horst Kümpel trennte die Sommerblühende als *aestivalis* von der im Frühling blühenden Nominatform ab. Beide Unterarten sind auch in Österreich recht weit verbreitet, wenngleich das Verbreitungsmuster der subsp. *aestivalis* erst ansatzweise bekannt ist. Die sommerblühende Unterart unterscheidet sich unter anderem durch eine Blütezeit von Ende Juni bis Anfang September, einen höheren Wuchs (30–50 cm hoch) und eine undeutliche Blattrosette.

Hybriden des Brand-Keuschständels sind in Österreich nur mit dem Dreizahn-Keuschständel, *Neotinea triedentata*, bekannt. *Neotinea ×dietrichiana* heißt die Kreuzung, benannt zu Ehren des Erstfinders David Nathanael Friedrich Dietrich (1799–1888), der sie 1826 erstmals aus der Umgebung von Jena in Thüringen erwähnt. In Österreich ist die Hybride aus Wien, Kärnten, Niederösterreich, Oberösterreich, der Steiermark und dem Burgenland bekannt.

Brand-Keuschständel

Wandervorschlag

Die Lobau umfasst rund 2.300 Hektar und macht fast ein Drittel der Gesamtfläche des Nationalparks Donau-Auen aus. Dieser ist einer von sechs österreichischen Nationalparks und bewahrt eine der letzten großen Au-Landschaften Mitteleuropas. Etwa 800 Pflanzenarten, 30 Säugetier- und 100 Brutvogelarten, 8 Reptilien- und 13 Amphibien- sowie 60 Fischarten sind hier beheimatet. Zu seinen Aushängeschildern gehören Eisvogel, Biber, Seeadler, Gottesanbeterin, Graureiher, Kleines Nachtpfauenauge, Flussregenpfeifer, Wanzen-Hundswurz, Glanz-Wanzensame und Spinnen-Ragwurz.

Formenvielfalt des Brand-Keuschständels

Die Lobau beinhaltet die artenreichsten Heißländen Österreichs. Sie sind ein wesentlicher Bestandteil der Aulandschaft und von großer Bedeutung für ihren Wert als Naturraum und Erholungsgebiet. Gründe dafür sind unter anderem ihr Artenreichtum an Orchideen und anderer seltener Pflanzen und der krasse Kontrast der Steppenlandschaft zum Auwald in landschaftlicher und ökologischer Hinsicht. Die weniger trockenen Heißländen sind vom Verwachsen mit Gehölzen bedroht und damit einhergehend vom Verlust der Orchideen. Aus diesem Grund treffen sich im Herbst regelmäßig die Mitglieder der beiden Arbeitsgemeinschaften „Heimische Orchideen Wien/ Niederösterreich" und „Heimische & mediterrane Orchideen", um in Zusammenarbeit mit der Parkverwaltung gefährdete Flächen zu schwenden. Der Erfolg lässt sich sehen, die vom Gebüsch befreiten

Flächen zeigen schon in den folgenden Jahren wieder verstärkte Orchideenbestände und so bleibt die Hoffnung, dass Mitteleuropas größtes Vorkommen an Wanzen-Hundswurz und anderen Schätzen auch zukünftig erhalten bleibt.

Trotz der guten floristischen Erforschung ist die Lobau immer wieder gut für botanische Überraschungen. So konnte Karl Schebesta, der „Humboldt der Lobau", wie er in Orchideenkreisen genannt wird, im Jahr 2010 die Sumpf-Siegwurz, *Gladiolus palustris*, zwischen Dechantslacke und Panozzalacke neu für Wien entdecken. 2014 fanden wir die Herbst-Drehähre, *Spiranthes spiralis*, auf mehreren Wiesen der Lobau, an denen sie vorher noch nicht bekannt war. Bereits 2007 konnte in der Lobau *Anacamptis ×laniccae*, die Kreuzung aus der Klein-Hundswurz, *Anacamptis morio*, mit der Kamm-Hundswurz, *A. pyramidalis*, neu für die Lobau und damit neu für ganz Österreich entdeckt werden. Die beiden Orchideenarten blühen eigentlich zu unterschiedlichen Zeiten. In den Hitzejahren 2002 und 2003 überlappten sich aber die Blühzeiten und machten so die Bildung dieser Kreuzung möglich. Seither tritt die Hybride regelmäßig auf.

Wien ist Heimat von 36 Orchideenarten und damit im europäischen Spitzenfeld. In welcher anderen Weltstadt kann man sonst noch mit den Öffis in wenigen Minuten zu den schönsten Naturparadiesen am Stadtrand fahren, um dort 10 oder gar 20 verschiedene Orchideenarten zu finden. „Wien ist halt anders", steht schon bei den Stadteinfahrten und auch hier bewahrheitet sich dies augenfällig.

Auch die weltweit größte Orchideenrettungsaktion fand hier in der Wiener Lobau statt. Als 2009 bis 2012 der Marchfeldschutzdamm auf acht Kilometer aufgeschüttet wurde, mussten zuvor die dort zu Tausenden lebenden Orchideen gerettet werden. In großen Soden trugen Bagger die Rasengesellschaften ab, lagerten diese zwischen und platzierten sie nach Fertigstellung der Dämme wieder. Ein voller Erfolg. Die Orchideen überlebten die größte pflanzliche Umsiedelungsaktion aller Zeiten und auch die Eidechsen, Traubenhyazinthen und viele andere Lebewesen fühlen sich seither am neuen, etwas höher gelegenen Lebensraum sichtlich wohl.

Orchideen kann man fast überall in der Lobau finden. Eine Wanderung mit Orchideengarantie ist die Route vom Nationalparkhaus in Richtung Dechantlacke, wo ausgesetzte Rot- und Gelbwangenschildkröten die heimischen Europäischen Sumpfschildkröten in Bedrängnis bringen. Noch vor dem See zweigt ein Weg zum Knusperhaus am Ende der Luitpold-Sterngasse ab. Östlich vom Knusperhaus dann die erste Heißlände mit Klein-Hundswurz, *Anacamptis morio*, Wanzen-Hundswurz, *A. coriophora*, Brand-Keuschständel, *Neotinea ustulata*, drei Ragwurz-Arten, *Ophrys apifera, O. holoserica, O. insectifera,* und vier weiteren Orchideenarten. Über den Josefssteg führt der Weg nun zum Fuchshäufel, einer großflächigen und ergiebigen Heißlände. Heißländen, auch „Brennen" genannt, sind trocken-warme Lebensräume über wasserdurchlässigen Böden in Aulandschaften mit besonders warmem Mikroklima, die Lebensraum für viele spezialisierte Pflanzen- und Tierarten sind.

Einmal fotografierten wir hier ein reinweiß blühendes Helm-Knabenkraut, als eine andere Gruppe zu uns kam und fragte, was wir gefunden hätten. Wir zeigten ihnen die weiße Schönheit und sie sagten, dass es eine *Dactylorhiza fuchsii* sein müsse, denn Orchis blühe niemals weiß! Wir schauten uns entgeistert an, wollten es noch richtig stellen, doch dann waren sie schon wieder weg. Nicht einmal bedanken konnten wir uns für das Kennenlernen der neuen, 21. Orchideenart in der Lobau …!

Zurück sollte man einen anderen Weg nehmen, wie den südlich der Dechantlacke, um vielleicht auch Violett-Dingel, *Limodorum abortivum*, Schmalblatt-Waldvöglein, *Cephalanthera longifolia*, und eine recht eigenartige Form der Grün-Ständelwurz, *Epipactis helleborine*, finden zu können.

Echt-Natternkopf, Echium vulgare

Rosmarin-Weidenröschen, Epilobium dodonaei

Duft-Weißwurz, Polygonatum odoratum

Orchideen der Lobau

Wanzen-Hundswurz, Anacamptis coriophora

Wanzen-Hundswurz, Anacamptis coriophora

Klein-Hundswurz, Anacamptis morio

Klein- × Kamm-Hundswurz, Anacamptis ×laniccae

Kamm-Hundswurz, Anacamptis pyramidalis

Breitblatt-Waldvöglein, Cephalanthera damasonium

Schmalblatt-Waldvöglein, Cephalanthera longifolia

Fleisch-Fingerwurz, Dactylorhiza incarnata

Grün-Ständelwurz, Epipactis helleborine

Sumpf-Ständelwurz, Epipactis palustris

Adria-Riemenzunge, Himantoglossum adriaticum

Violett-Dingel, Limodorum abortivum

Brand-Keuschständel, Neotinea ustulata subsp. ustulata

Sommer-Brand-Keuschständel, N. ustulata subsp. aestivalis

Vogel-Nestwurz, Neottia nidus-avis

Groß-Zweiblatt, Neottia ovata

Bienen-Ragwurz, Ophrys apifera

Bienen-Ragwurz × Hummel-Ragwurz, Ophrys ×albertiana

Hummel-Ragwurz,
Ophrys holoserica

Fliegen-Ragwurz,
Ophrys insectifera

Spinnen-Ragwurz,
Ophrys sphegodes

Helm-Knabenkraut,
Orchis militaris

Weiß-Waldhyazinthe,
Platanthera bifolia

Herbst-Drehähre,
Spiranthes spiralis

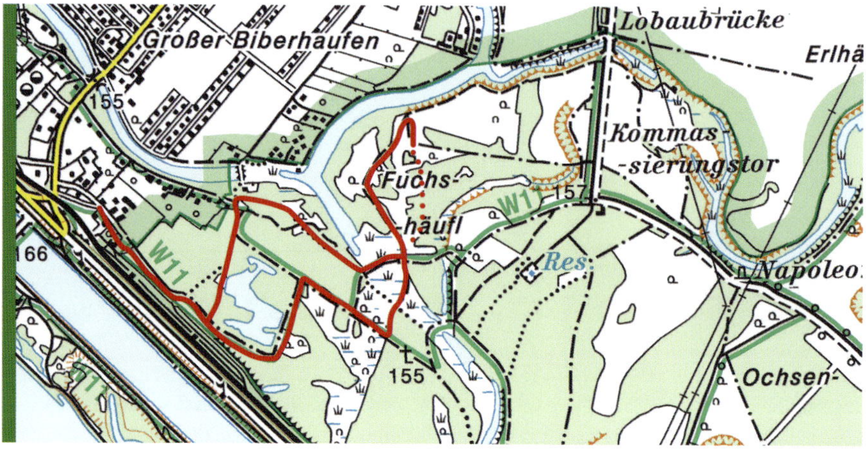

Pflanzenbesonderheiten: Bartgras, *Bothriochloa ischaemum*; Glanz-Wanzensame, *Coriospermum nitidum*; Rosmarin-Weidenröschen, *Epilobium dodonaei*; Sanddorn, *Hippophae rhamnoides*; Froschbiss, *Hydrocharis morsus-ranae*; Schweiz-Moosfarn, *Selaginella helvetica*; Kegelfrucht-Leimkraut, *Silene conica*; Grauscheiden-Federgras, *Stipa joannis*; Steppen-Aschenkraut, *Tephroseris integrifolia* subsp. *integrifolia*.

Blumenpracht: Groß-Windröschen, *Anemone sylvestris*; Purpurblau-Rindszunge, *Buglossoides purpurocaerulea*; Schwanenblume, *Butomus umbellatus*; Duft-Schöterich, *Erysimum odoratum*; Grün-Nieswurz, *Helleborus viridis*; Zwerg-Schwertlilie, *Iris pumila*; Koch-Milchstern, *Ornithogalum kochii*; Bachbunge, *Samolus valerandi*.

Beste Orchideenzeit: Anfang Mai – Anfang Juli, für den Brand-Keuschständel Anfang Mai – Mitte Mai, für die hier ebenfalls, wenngleich viel seltener vorkommende subsp. *aestivalis* Ende Juni – Ende Juli.

Anspruch: gering

Höhenmeter: praktisch 0

Gehzeit: 1,5 Std. (ganze Runde)

Anreise: über die A22/A23 bis zur Abfahrt Lobau, weiter auf der Raffineriestraße bis zum Biberhaufenweg.

Öffentliche Verkehrsanbindung: am einfachsten mit der Autobuslinie 92B ab U2/Donaustadtbrücke oder Autobuslinie 93A ab U1/Kagran.

Barrierefreiheit für Rollstühle/Kinderwägen: auf vielen Wegen der Lobau gegeben

Weitere botanische und kulturelle Sehenswürdigkeiten des Gebiets:

- Bezirksmuseum Donaustadt
- Gartenbaumuseum Kagran
- Wappen-Museum Wiellandt in Groß-Enzersdorf
- Kreuzgrundtraverse und Mittelwasser der Lobau (Adria-Riemenzunge, *Himantoglossum adriaticum*; Spinnen-Ragwurz, *Ophrys sphegodes*; Herbst-Drehähre, *Spiranthes spiralis*; usw.)

Die Wanzen-Hundswurz bei Illmitz

29

Wanzen-Hundswurz

Anacamptis coriophora

Die Wanzen-Hundswurz gehört zu den besonders schützenswerten Seltenheiten der heimischen Flora. In Salzburg, Oberösterreich, Nordtirol und Vorarlberg ist die Art bereits ausgestorben, in der Steiermark sind nur zwei Kleinstpopulationen bekannt. Bis in die Mitte des 20. Jahrhunderts war sie hier nicht sonderlich selten. So berichtet Hayek 1956 über reichliche Vorkommen in den Auwäldern um Graz. 33 Jahre später galt die Orchidee für die Steiermark als ausgestorben bzw. verschollen, wie im „Atlas gefährdeter Farn- und Blütenpflanzen der Steiermark" nachzulesen ist. Heute kennt man wieder zwei kleine Vorkommen in der Steiermark: bei den Gamper-Lacken westlich von Selzthal, von Manfred Singer 1992 entdeckt, und vom Putterersee, wo Gabriele Bassler 1997 wenige Pflanzen fand. Auch in Kärnten und Niederösterreich sind die Populationen gering, die Art stark gefährdet. Als umfangreich kann man in Österreich nur mehr die Bestände in der Wiener Lobau und hier im burgenländischen Seewinkel bezeichnen.

Wanzen-Hundswurz

Wandervorschlag

Die Landschaft des Seewinkels wurde über Jahrhunderte hinweg durch menschliche Einflussnahme geprägt. Auf die Rodungen folgten Weidewirtschaft und Heumahd, in späterer Folge Entwässerungsmaßnahmen. Durch die menschliche Nutzung entstanden Lebensräume, die ohne Nutzung innerhalb kurzer Zeit weitgehend verbuschen, verwalden oder verschilfen würden. Die Erhaltung bzw. Wiederherstellung dieser für Österreich einzigartigen Ökosysteme ist das Ziel des Nationalpark-Flächenmanagements. Die gesetzten Pflegemaßnahmen haben seit der Gründung des Nationalparks bereits in mehreren Teilgebieten zur Wiederherstellung von Lebensräumen für Tiere und Pflanzen geführt. Einen durchaus

Hybriden der Wanzen-Hundswurz in Österreich

Wanzen-Hundswurz, Anacamptis coriophora

Klein-Hundswurz, A. morio

Wanzen-Hundswurz × Klein-Hundswurz

erwünschten Nebeneffekt zeigen die Beweidungs- und Zuchtprojekte für die Besucherlenkung: Graurinder, Mangaliza-Schweine, Weiße Esel und Przewalski-Pferde sind beliebte Fotomotive, ziehen Besucher an und entlasten so andere sensible Teilgebiete.

Die Wiesen, Weiden und Dämme um Illmitz beherbergen einen reichen Orchideenschatz. So ist hier die äußerst seltene Hybride *Anacamptis ×timbalii*, entstanden aus der Kreuzung zweier ganz Hübscher, nämlich Wanzen-Hundswurz × Sumpf-Hundswurz, zu finden. Benannt ist der Blendling zu Ehren des französischen Botanikers Edouard Timbal-Lagrave (1819–1888), der sich insbesondere um die Orchideenhybriden der französischen Flora Verdienste erwarb. Noch seltener ist die Kreuzung aus Wanzen-Hundswurz × Klein-Hundswurz, die so genannte *Anacamptis ×olida*, welche

Wanzen-Hundswurz, A. coriophora

Sumpf-Hundswurz, A. palustris

Wanzen-Hundswurz × Sumpf-Hundsw.

Um Illmitz zu finden

Grau-Steppenaster, Galatella cana

Lungen-Enzian, Gentiana pneumonanthe

Salzwiesen-Schwertlilie, Iris spuria

wir hier erst einmal vor vielen Jahren fanden, seitdem nicht mehr.

Als Orchideenwanderung mit auch vielen interessanten blühenden Nichtorchideen empfiehlt sich der Naturlehrpfad Illmitz. Ausgangspunkt ist die Biologische Station westlich von Illmitz. Schon um die Station herum liegen hervorragende Wiesen mit Sumpf-Hundswurz, *Anacamptis palustris,* und Wanzen-Hundswurz, *Anacamptis coriophora,* und mit etwas Glück auch schon die erste Kreuzung aus beiden.

Der Weg führt nun in Richtung Illmitz, vorbei am Kirchsee. Der Naturlehrpfad informiert den interessierten Besucher über die Besonderheiten des Nationalparkgebietes. In zehn auf Betonständern montierten Fliesenplatten werden Themen wie Zicklacke, Naturschutz, Seewinkel, Neusiedler See und Kirchsee behandelt.

Weiße Esel im Nationalpark

Knollen-Platterbse, Lathyrus tuberosus

Salz-Kresse, Lepidium cartilagineum

Rau-Tragant, Astragalus asper

Nun wird der Kirchsee praktisch umrundet. Salz-Kresse, *Lepidium cartilagineum*, Kleinkorb-Schwarzwurz, *Scorzonera parviflora,* und einige andere Salzliebhaber finden sich um diese Lacke, genauso wie an der anschließenden Zicklacke. Weiter führt der Weg zum Fuchsloch und links abbiegend zum Albersee. Fleisch-Fingerwurz, *Dactylorhiza incarnata*, Helm-Knabenkraut, *Orchis militaris*, Brand-Keuschständel, *Neotinea ustulata*, Spinnen-Ragwurz, *Ophrys sphegodes* und Klein-Hundswurz, *Anacamptis morio*, sind hier zu finden.

Orchideen um Illmitz

Helm-Knabenkraut, Orchis militaris

Weiß-Waldhyazinthe, Platanthera bifolia

Herbst-Drehähre, Spiranthes spiralis

Wanzen-Hundswurz, Anacamptis coriophora

Wanzen- × Sumpf-Hundswurz, Anacamptis ×timbalii

Klein-Hundswurz, Anacamptis morio

Sumpf-Hundswurz, Anacamptis palustris

Schmalblatt-Waldvöglein, Cephalanthera longifolia

Fleisch-Fingerwurz, Dactylorhiza incarnata

Brand-Keuschständel, Neotinea ustulata

Groß-Zweiblatt, Neottia ovata

Spinnen-Ragwurz, Ophrys sphegodes

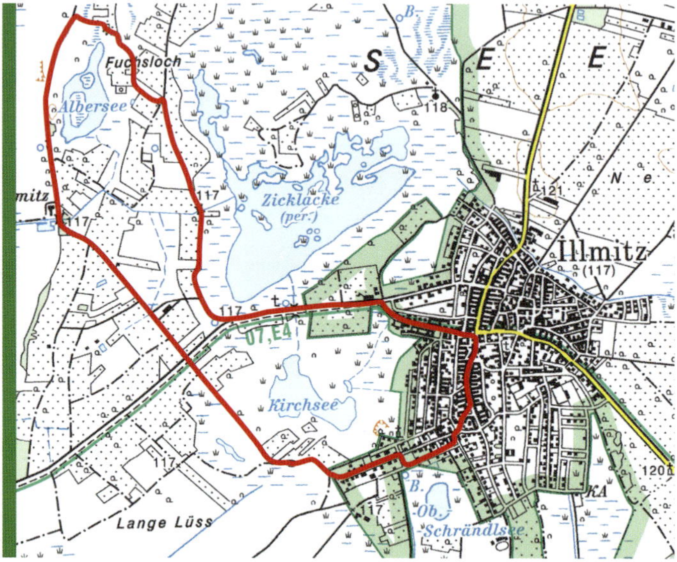

Pflanzenbesonderheiten: Farnblatt-Schafgarbe, *Achillea aspleniifolia*; Kreuzung aus Wanzen-Hundswurz × Sumpf-Hundswurz, *Anacamptis ×timbalii*; Salzsteppen-Wermut, *Artemisia santonicum*; Rau-Tragant, *Astragalus asper*, Furchen-Tragant, *Astrgalus sulcatus*; Salz-Hasenohr, *Bupleurum tenuissimum*; Einjahrs-Kampferkraut, *Camphorosma annua*; Grau-Steppenaster, *Galatella cana*; Salz-Kresse, *Lepidium cartilagineum*; Salz-Hornklee, *Lotus tenuis*; Kleinkorb-Schwarzwurz, *Scorzonera parviflora*; Kleb-Leimkraut, *Silene viscosa*; Ästig-Leinblatt, *Thesium ramosum*; Zwerg-Veilchen, *Viola pumila*.

Blumenpracht: Sumpf-Hundswurz, *Anacamptis palustris*; Lungen-Enzian, *Gentiana pneumonanthe*; Salzwiesen-Schwertlilie, *Iris spuria*; Spinnen-Ragwurz, *Ophrys sphegodes*.

Beste Orchideenzeit: Ende April – Anfang Juni, für die Wanzen-Hundswurz Ende Mai – Mitte Juni

Anspruch: gering

Bergauf: wenige Meter

Gehzeit: 2,5 Std.

Anreise: Von Wien auf der A4 bis zur Abfahrt Gols/Weiden, dann den Autobahnzubringer A462 und die L205 bis Illmitz, dann die Seegasse bis zur Biologischen Station.

Öffentliche Verkehrsanbindung: Direktbusse von Wien-Hauptbahnhof bis Illmitz-Gemeindeamt, dann zu Fuß oder mit dem Taxi (z. B. Taxi Krüger +43/664-5111195)

Barrierefreiheit für Rollstühle/Kinderwägen: auf den befestigten Wegen um Illmitz gegeben.

Weitere Ziele im Gebiet:

- Nationalpark-Informationszentrum am nördlichen Ortsrand von Illmitz, ganzjährig geöffnet, barrierefrei
- Schilfgedeckte Häuser in Illmitz mit Storchennestern
- St. Martin-Therme in Frauenkirchen
- Dorfmuseum Mönchhof
- Zicksee bei St. Andrä (Österreich-Tragant, *Astragalus austriacus*; Furchen-Tragant, *Astragalus sulcatus*; usw.)
- Zitzmannsdorfer Wiesen (Schlitzblatt-Wermut, *Artemisia laciniata*; Rau-Tragant, *Astragalus asper*, Salzwiesen-Schwertlilie, *Iris spuria*; usw.)